直编式田园风春夏毛衫

Spring & Summer

日本宝库社　编著
李　云　译

河南科学技术出版社
· 郑州 ·

Contents

目录

A
编织方法
page 36

花片连接套头衫

设计 / 河合真弓 制作 / 羽生明子

使用线 / 和麻纳卡 Flax C

B

编织方法

page 49

蕾丝花样吊带衫

设计 / 风工房
使用线 / 和麻纳卡 Flax C

C

编织方法

page 52

小翻领两穿开衫

设计 / 横山纯子
使用线 / 和麻纳卡 Email

S

D
编织方法
page 54

镂空花样两穿披肩

设计 / 镰田惠美子 制作 / 和田针织工房
使用线 / 和麻纳卡 Email

E

编织方法

page 56

蕾丝花片套头衫

设计 / 横山纯子

使用线 / 和麻纳卡 Wash Cotton Crochet

方形蕾丝花片背心

设计 / 河合真弓　制作 / 冲田喜美子
使用线 / 和麻纳卡 Wash Cotton Crochet Gradation

F
编织方法
page 58

MOTHER
twinset
ARROW
Cocoa
PEBBLES
KRUSTEAZ
Buttermilk
4.53 kg NET
God Bless Ameri

G

编织方法

page 60

圆领短袖套头衫

设计 / 冈本启子 制作 / 铃木惠美子

使用线 / 和麻纳卡 Flax K，Reverie

VANA'
1-209-637-008

H

编织方法

page 62

双色条纹卷边套头衫

设计 / 风工房
使用线 / 和麻纳卡 Flax S

HOLIDAY TIPS
Ralphs
CHOCOLATE CHIP COOKIES

I
编织方法
page 64

系带式短外搭

设计 / 水原多佳子 制作 / 立里 Teresa
使用线 / 和麻纳卡 Flax K

J

编织方法

page 66

蕾丝花片披肩

设计 / 林久仁子

使用线 / 和麻纳卡 Email

A

K

编织方法

page 68

方眼蕾丝衫

设计 / 水原多佳子
使用线 / 和麻纳卡 Flax S

L

编织方法

page 70

荷叶边小开衫

设计 / 河合真弓 制作 / 远藤阳子
使用线 / 和麻纳卡 Flax K

M

编织方法
page 73

条纹长款背心

设计 / 林久仁子
使用线 / 和麻纳卡 Flax K

N

编织方法

page 74

花片下摆套头衫

设计 / 冈本启子 制作 / 土田利子

使用线 / 和麻纳卡 Wash Cotton

O

编织方法

page 42

肩部镂空无袖套头衫

设计 / 柴田 淳

使用线 / 和麻纳卡 Paume（Colored Soil-Dyeing）

223
U.S.
MAIL
APPROVED BY THE
POSTMASTER GENERAL
SUBSCRIBER
FIRE
RURAL
DEPT.

P

编织方法

page 76

一字领圆育克套头衫

设计 / 柴田 淳

使用线 / 和麻纳卡 Flax K

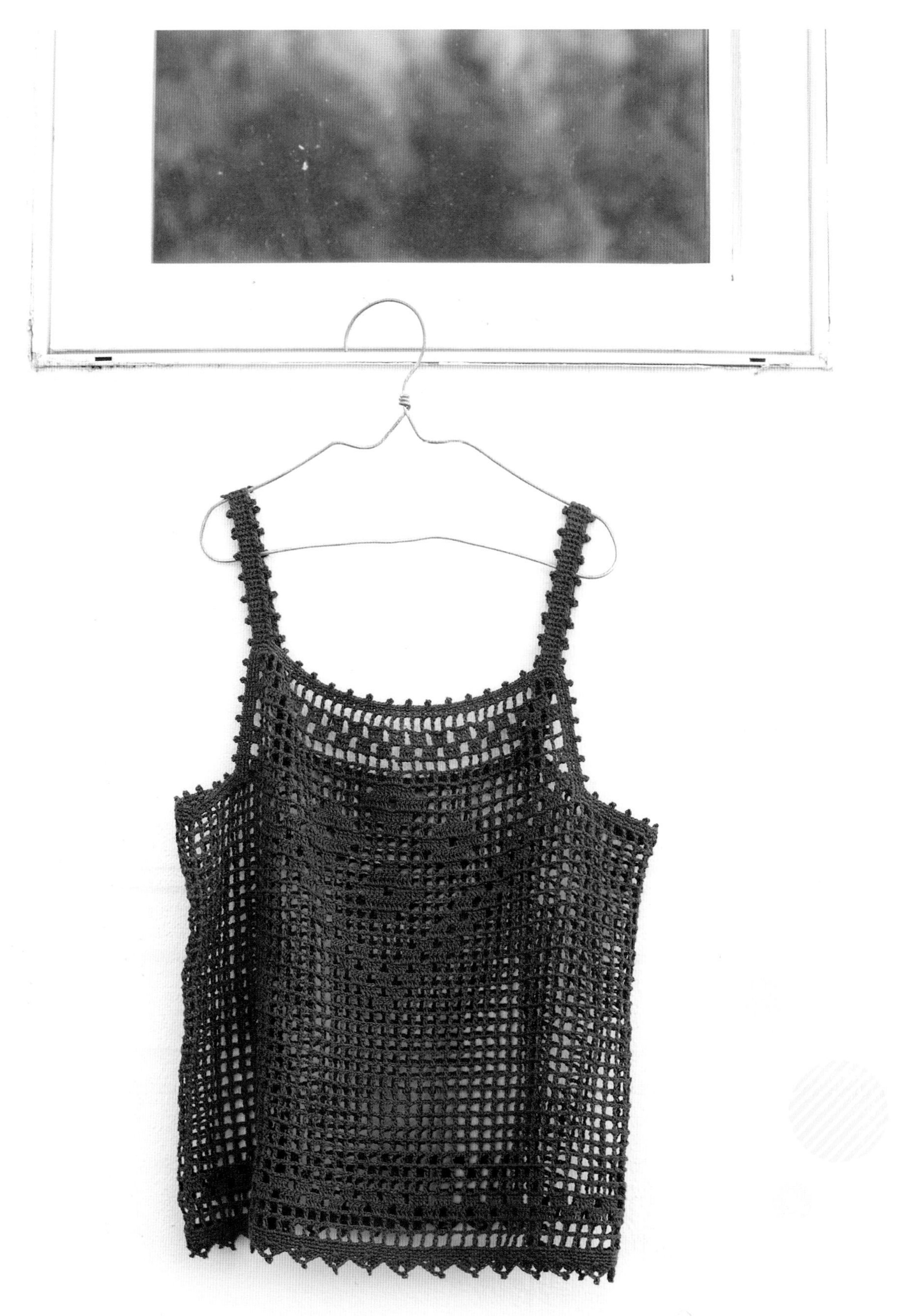

Q
编织方法
page 78

方眼镂空吊带衫

设计 / 冈真理子 制作 / 水野 顺
使用线 / 和麻纳卡 Flax C

warrior
MISSOURI
183 964

R
编织方法
page 80

连帽多用马甲

设计 / 镰田惠美子 制作 / 有我贞子
使用线 / 和麻纳卡 Flax K

ROAD

FUEL
ior

rrior

S
编织方法
page 82

南美披肩式马甲

设计 / 冈真理子 制作 / 指田容子
使用线 / 和麻纳卡 Flax K Lame

T

编织方法
page 84

方眼花饰长袖开衫

设计 / 今泉史子
使用线 / 和麻纳卡 Flax K

Yarn

本书使用的编织线

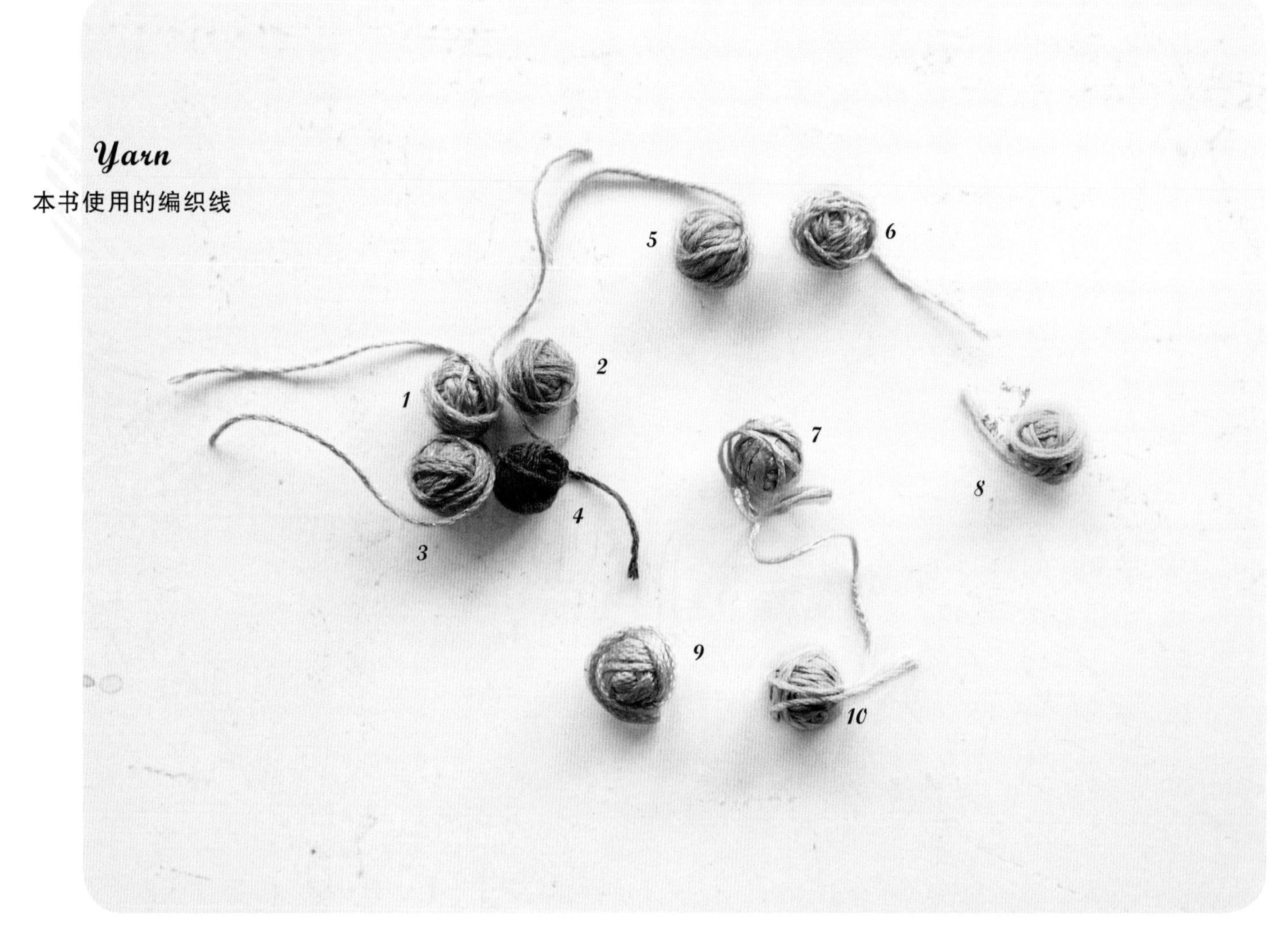
5
6
2
1
7
8
4
3
9
10

1 和麻纳卡 Flax S
麻 69% 棉 31%
普通粗细 1 团 25 克 约 70 米 9 种颜色
钩针 5/0 号

2 和麻纳卡 Flax C
麻 82% 棉 18%
中等粗细 1 团 25 克 约 104 米 13 种颜色
钩针 3/0 号

3 和麻纳卡 Flax K Lame
麻 78% 棉 22%（混有金银线）
普通粗细 1 团 25 克 约 60 米 8 种颜色
棒针 5 号、6 号 钩针 5/0 号

4 和麻纳卡 Flax K
麻 78% 棉 22%
普通粗细 1 团 25 克 约 62 米 13 种颜色
棒针 5 号、6 号 钩针 5/0 号

5 和麻纳卡 Paume (Colored Soil-Dyeing)
棉 100%（纯有机棉）
普通粗细 1 团 25 克 约 70 米 5 种颜色
棒针 5 号、6 号 钩针 5/0 号

6 和麻纳卡 Reverie
丙烯酸纤维 55% 其他纤维（纸）22% 人造丝 17% 聚酯纤维 6%
中等粗细 1 团 25 克 约 103 米 8 种颜色
钩针 3/0 号

7 和麻纳卡 Email
聚酯纤维 85% 其他纤维（纸）12% 尼龙 3%
普通粗细 1 团 25 克 约 97 米 12 种颜色
棒针 5 号、6 号 钩针 5/0 号

8 和麻纳卡 Wash Cotton Crochet
棉 64% 聚酯纤维 36%
中等粗细 1 团 25 克 约 104 米 27 种颜色
钩针 3/0 号

9 和麻纳卡 Wash Cotton
棉 64% 聚酯纤维 36%
普通粗细 1 团 40 克 约 102 米 24 种颜色
棒针 5 号、6 号 钩针 4/0 号

10 和麻纳卡 Wash Cotton Crochet Gradation
棉 64% 聚酯纤维 36%
中等粗细 1 团 25 克 约 104 米 7 种颜色
钩针 3/0 号

编织方法和基础

Lesson 1

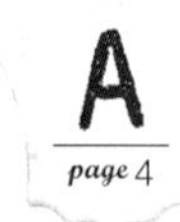

A
page 4

花片连接套头衫的编织方法

材料和工具
线……和麻纳卡 Flax C
原色（1）165克/7团
钩针4/0号

花片尺寸
花片 A：20cm×20cm
花片 B：20cm×10cm

成品尺寸
胸围120cm，衣长40cm，连肩袖长40.5cm

编织要点

（起针）花片A、B环形起针（参见87页）开始钩织。

（前、后身片）将花片 A 按照序号顺序钩织 12 片，从第 2 片开始在第 10 圈与前一花片引拔连接。领口参照图示钩织。

（袖）花片 B 是在第 10 圈引拔钩织连接的。

（袖口边缘编织）从袖口开始挑针，环形钩织 1 圈。

花片连接图

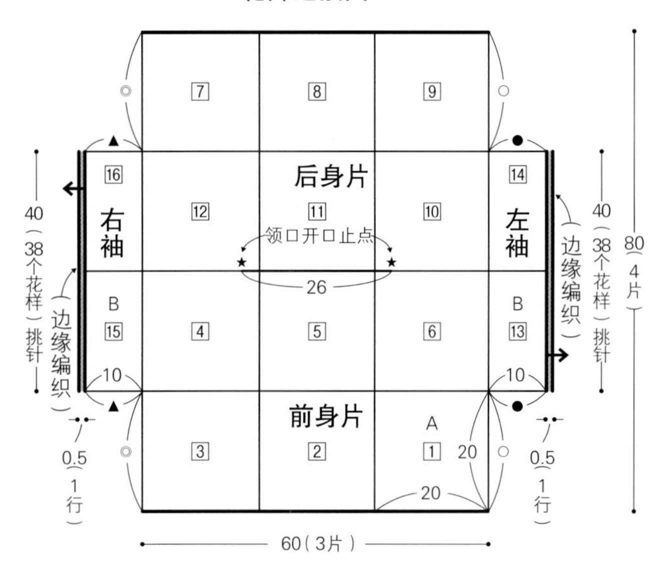

7
8
9
16
12
后身片
11
10
14
右袖
左袖
领口开口止点
26
B
15
4
5
6
B
13
10
10
前身片
A
3
2
1
20
20
60（3片）
40（38个花样）挑针
（边缘编织）
40（38个花样）挑针
（边缘编织）
80（4片）
0.5（1行）
0.5（1行）

※全部以4/0号针钩织。
※按照1~16的顺序钩织。
※将印有○、◎、▲、●同样标识的部分分别钩织到一起。
※2处领口开口止点（★）参见37页。

花片A（前、后身片）12片

⑩
⑨
⑧
⑦
⑥
⑤
④
③
②
①
环
20

花片B（袖）4片

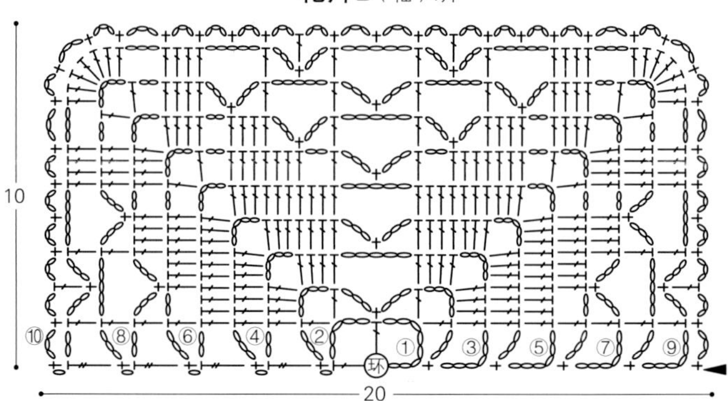

10
⑩
⑧
⑥
④
②
环
①
③
⑤
⑦
⑨
20

◁ = 加线
◀ = 断线

※编织图中没有标明单位的数字，其单位都为厘米（cm）。

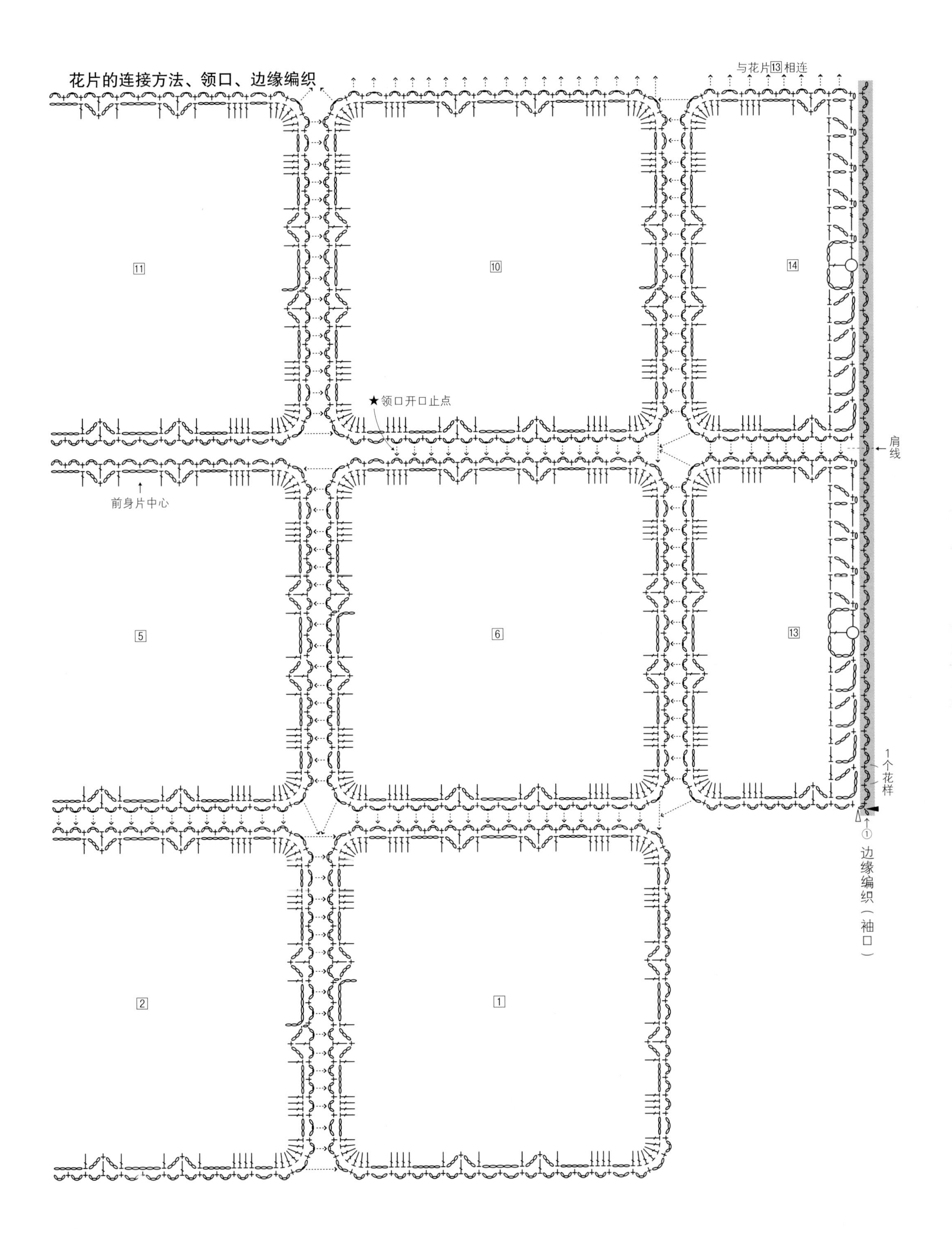
花片的连接方法、领口、边缘编织
与花片13相连
11
10
14
★领口开口止点
肩线
前身片中心
5
6
13
1个花样
①
边缘编织（袖口）
2
1

花片A

*为使图片看起来更清楚特别替换了醒目的线和颜色。

起针

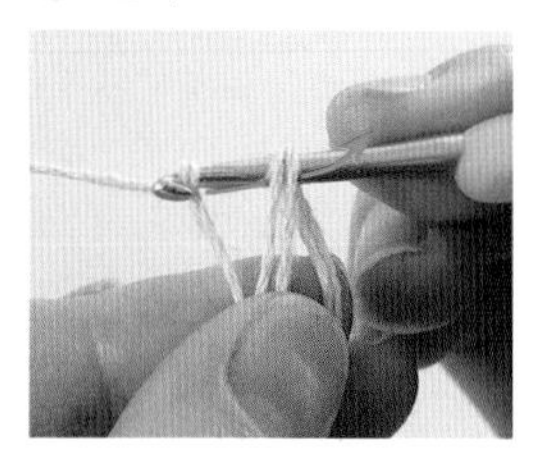

1 环形起针开始钩织。

第1圈

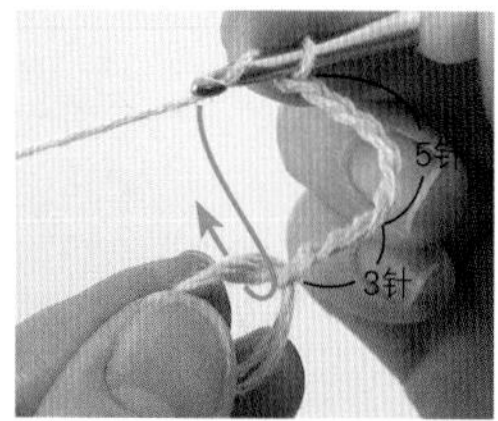

5针
3针

2 立织 3 针锁针和 5 针锁针后，针上绕好线放入环中。

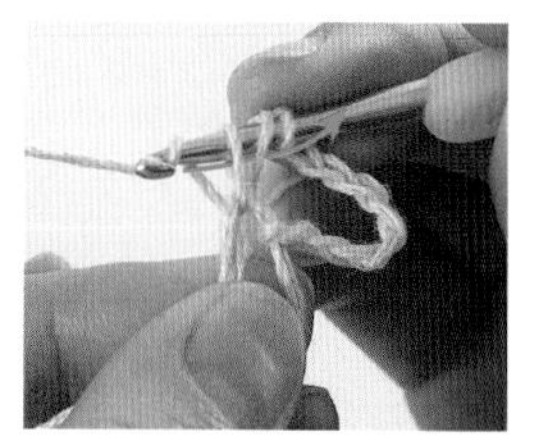

3 挂上线带出来，针尖挂线按照箭头方向一次性引拔穿过 2 个线圈。

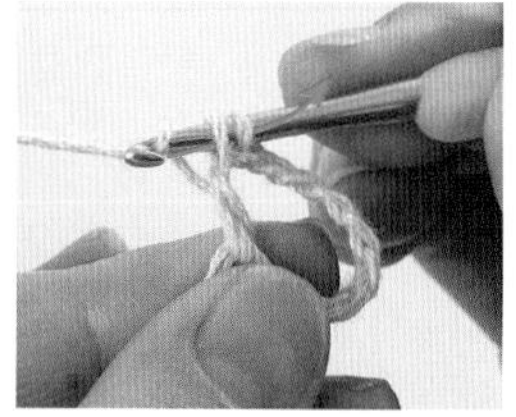

4 再次针尖挂线按照箭头方向一次性引拔穿过 2 个线圈。

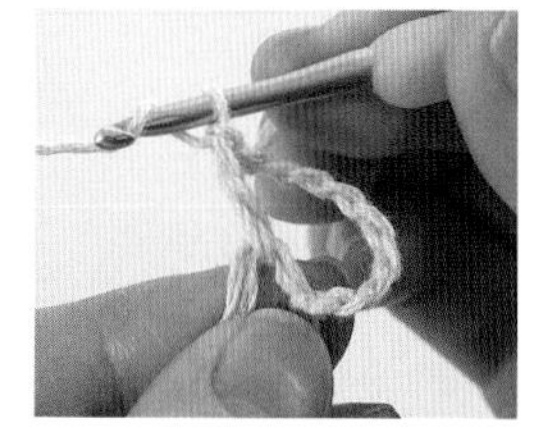

5 完成 1 针长针。按照"5 针锁针，1 针长针" 的方法继续钩织。

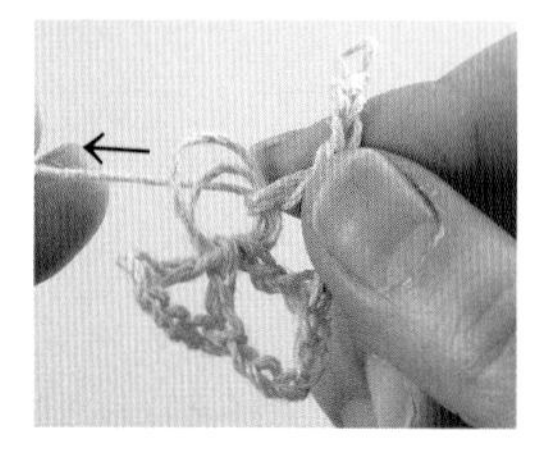

6 钩完 1 圈之后，拉动线尾找到可以拉动的线圈。

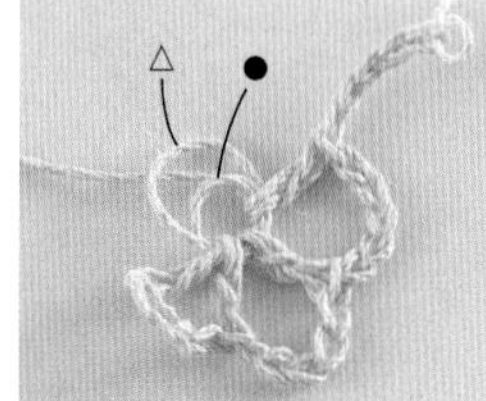

7 拉动收紧线圈（●）。

8 用手拉动线圈(●）的一端使线圈（△）缩小，再一次拉紧线尾。

9 最后 1 针挑取立起锁针的第 3 针的半针和里山绕线引拔。

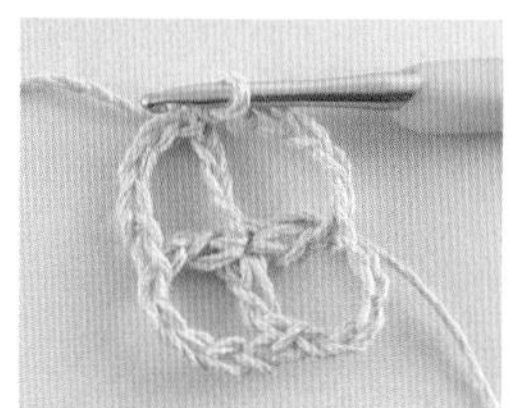

10 这样第 1 圈就完成了。

第2圈

11 立织 1 针锁针后，在与步骤 9 同样的挑取地方入针，将线拉出。

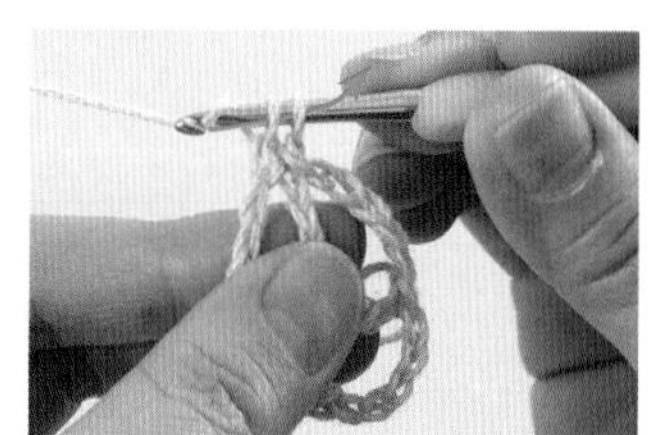

12 再次绕线引拔，织 1 针短针。

13 钩 3 针锁针，绕线整段挑取前 1 圈的锁针。

14 绕线拉出，织 1 针长针，按照记号图继续编织。

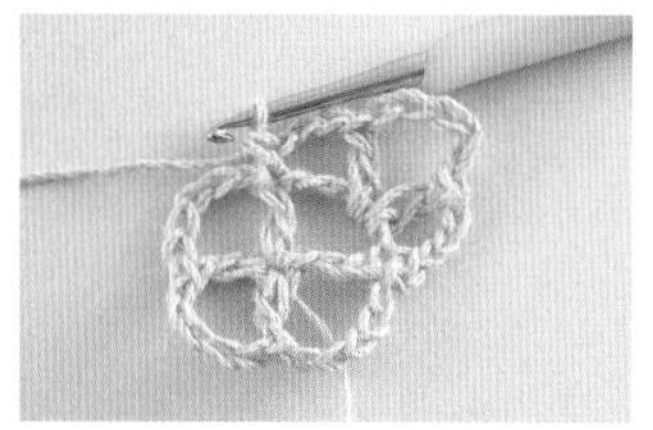

15 挑取前 1 圈长针头部的 2 根线钩 1 针短针。

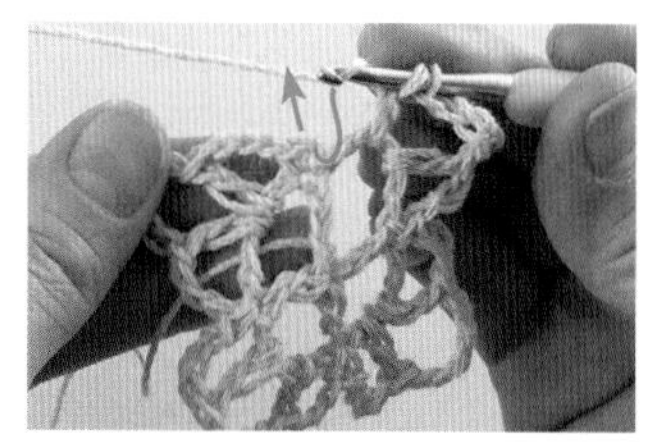

16 最后1针是2针长针并1针（参见89页）。挑取立起锁针的2根线钩第2针长针。

17 钩完第 2 针未完成的长针时，针尖挂线按箭头方向引拔穿过 3 个线圈。

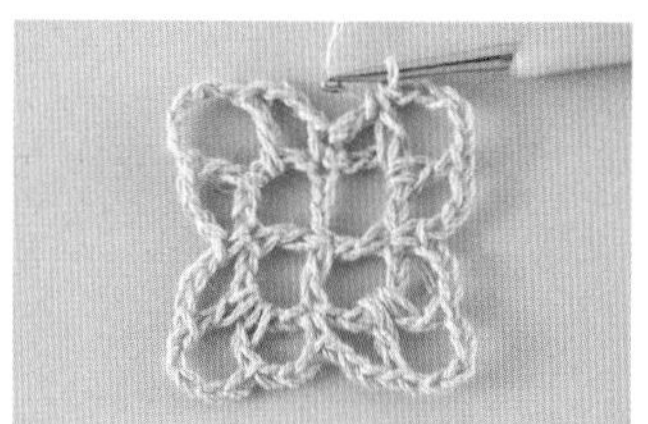

18 第 2 圈完成。

第3圈

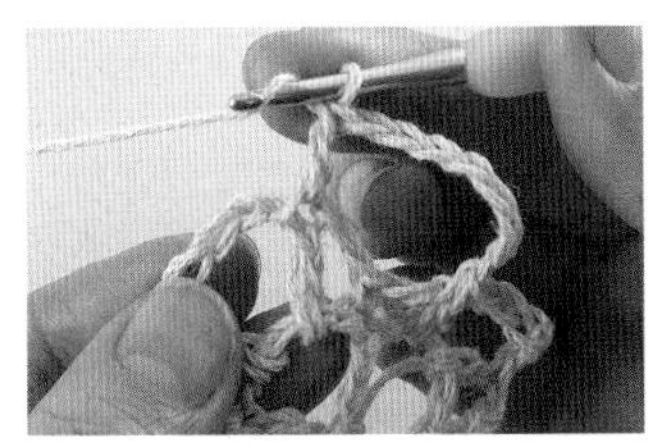

19 立织 3 针锁针和 5 针锁针后，挑取前 1 圈第 1 针长针头部的 2 根线钩织长针，接着整段挑取前 1 圈的锁针。

20 图为钩好 4 针长针、5 针锁针的情形。接着按照记号图把这一圈钩好。

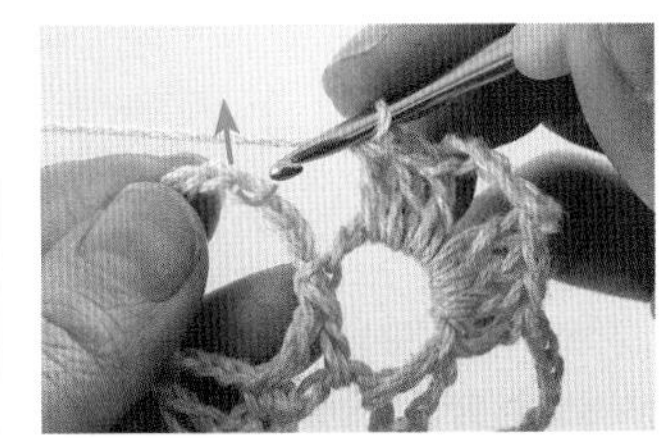

21 第 3 圈的最后 1 针挑取立起锁针的第 3 针的半针和里山绕线引拔。

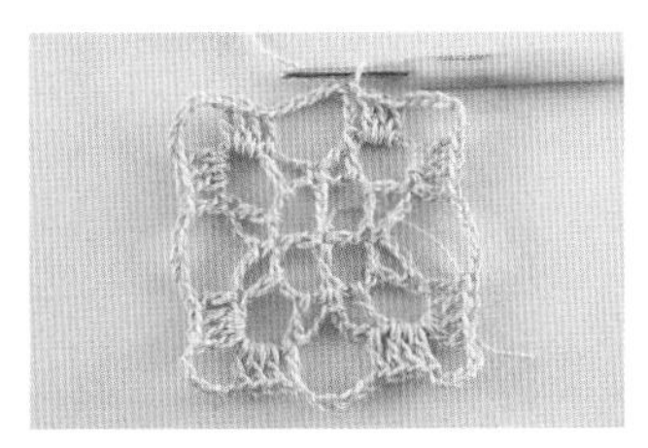

22 第 3 圈完成。

第4圈

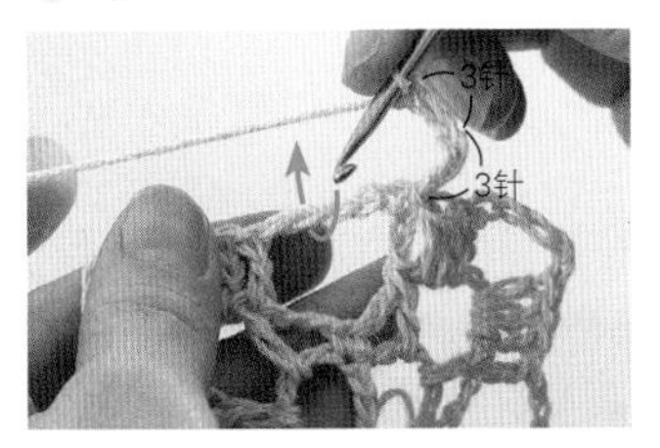
3针
3针

23 立织 3 针锁针和 3 针锁针后，整段挑取前 1 圈的锁针钩 1 针短针。

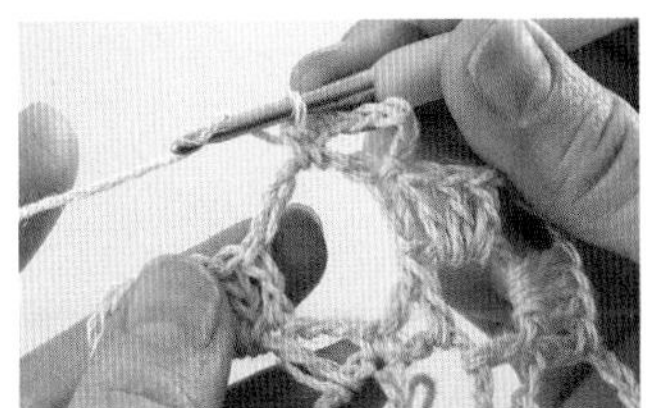

24 短针完成。

25 接着按照记号图钩织。转角长针的 3 针要整段挑取前 1 圈的锁针来钩织。

26 第 4 圈钩好了。接着按照记号图一直钩到第 9 圈。

第10圈

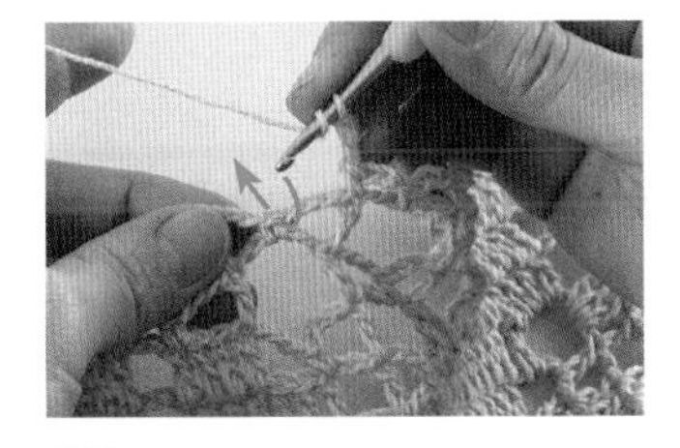

27 立织1针锁针后重复“1针短针，3针锁针”，在前1圈短针的地方入针，按照图中箭头的指示绕线钩1针长针。

28 钩好的长针。接着按照记号图钩 1 圈。

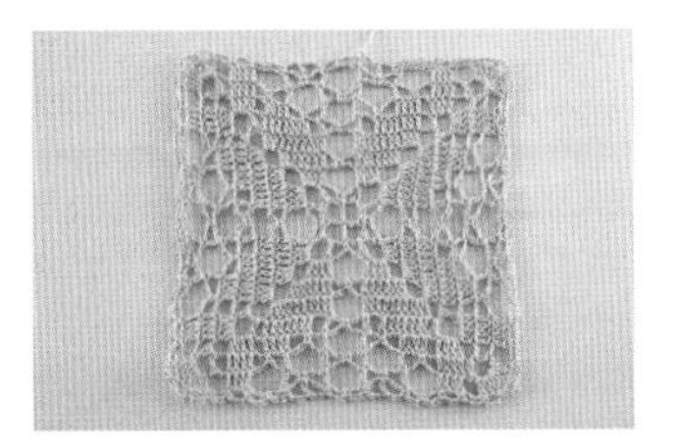

29 第 10 圈完成。花片 A 成型。从第 2 片开始，边连接边钩织。

花片B

*为使图片看起来更清楚特别替换了醒目的线和颜色。

起针~第2圈

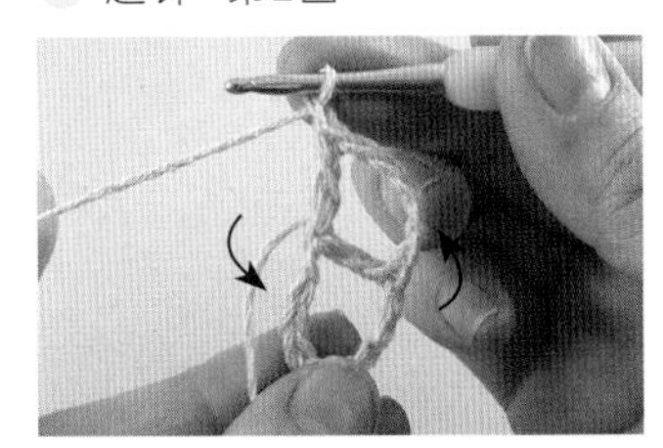

30 与花片 A 相同，环形起针，钩织第 1 圈。第 2 圈的第 1 针锁针立织完成。

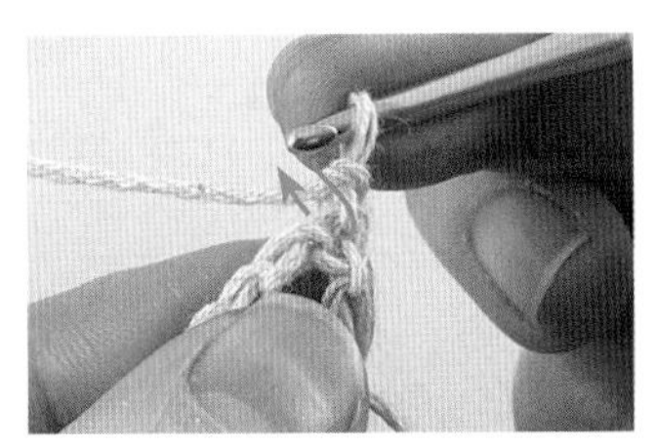

31 将花片向右翻转，挑取第 1 圈长针头部的 2 根线来织 1 针短针。

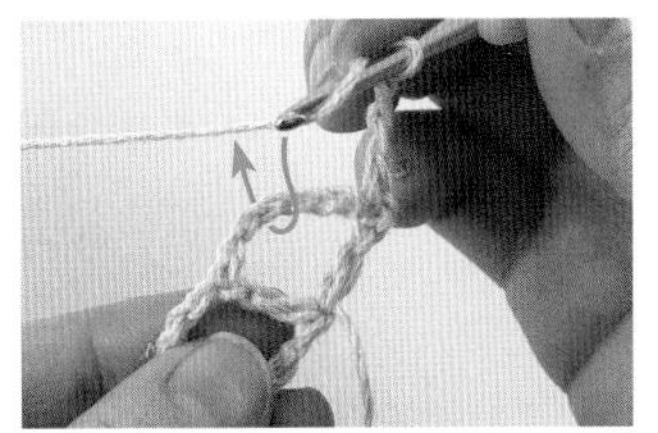

32 钩织 3 针锁针后，针上绕线整段挑取锁针钩织 1 针长针。

33 按照记号图继续钩织，最后挑取第 1 圈的第 3 针锁针的半针和里山，钩织 1 针短针。

第3圈

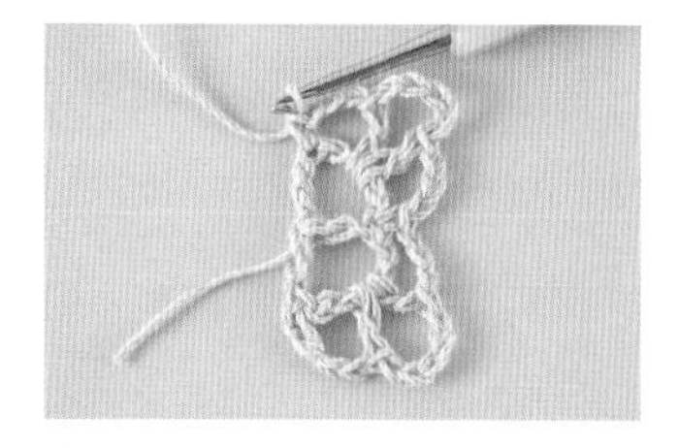

34 第 2 圈完成。

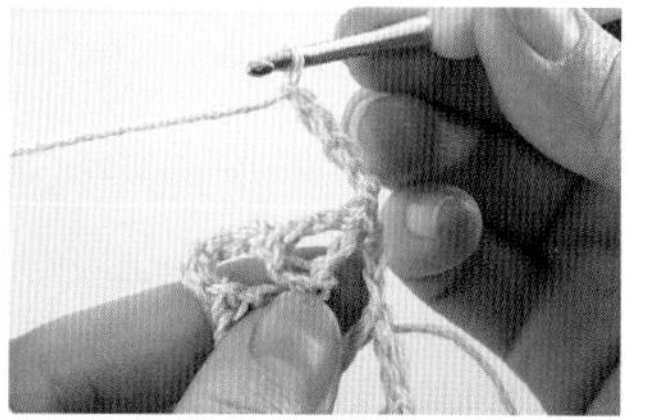

35 第 4 针锁针完成后，织片向右翻转。

36 按照记号图继续钩织。转角的长针要整段挑取前 1 圈的锁针钩织。

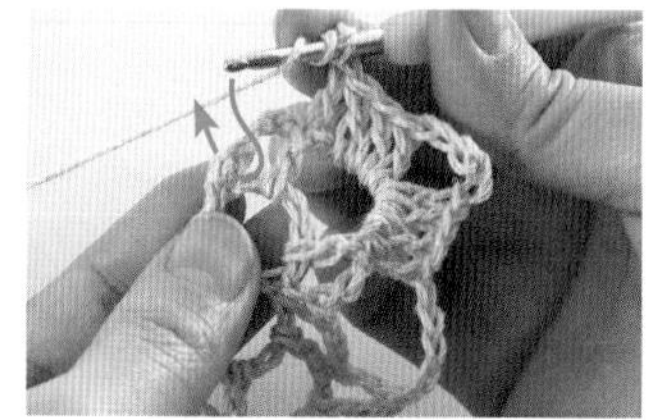

37 最后 1 针，针上绕 2 次线按照箭头方向挑取短针头部的 2 根线来织 1 针长长针（参见 88 页）。

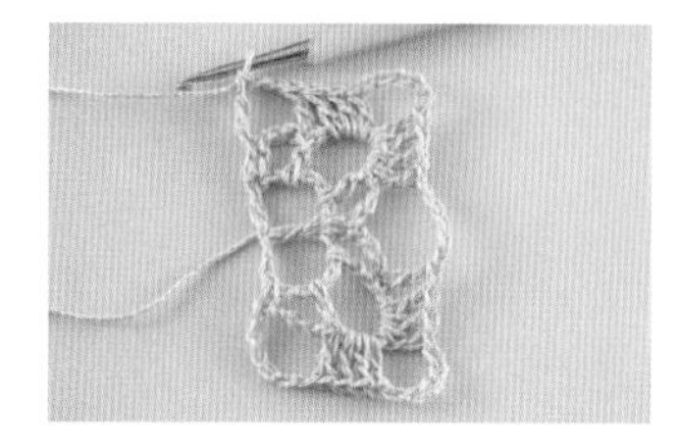

38 第 3 圈完成。

第4圈

39 接着按照记号图钩织，一直到钩完第 4 圈。

第9圈

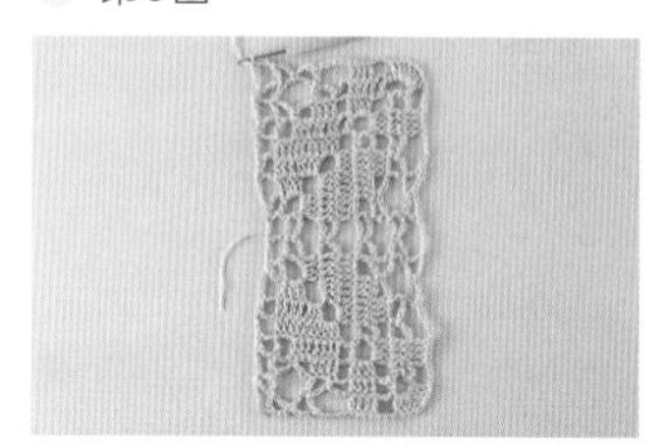

40 按照记号图钩织到第 9 圈。

花片的连接方法

*为使图片看起来更清楚特别替换了醒目的线和颜色。

在第10圈连接第2片和第1片

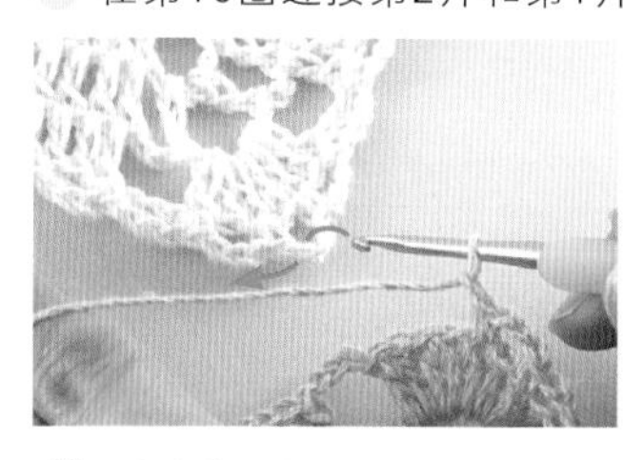

41 在连接的位置钩 1 针锁针后，将针插入第 1 片转角的锁针环中。

42 针上绕线引拔钩织。

43 这样就连接上了。钩好 1 针锁针后，按照箭头指示插回到第 2 片中。

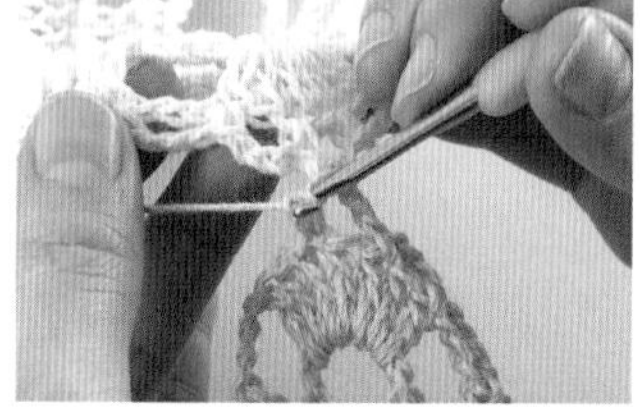

44 挑取长针头部的 2 根线来钩织 1 针短针。

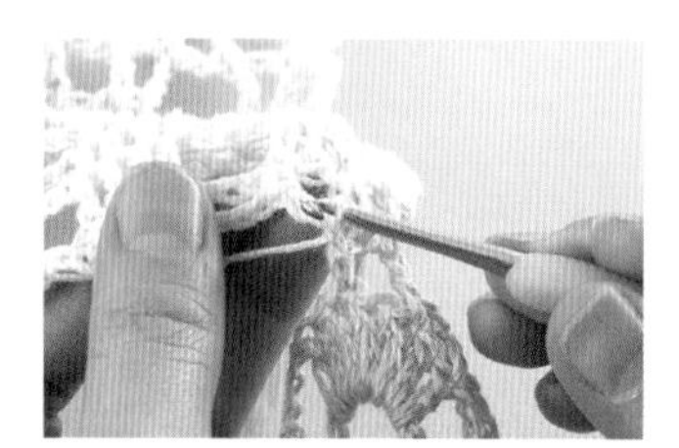

45 重复步骤 41~44。

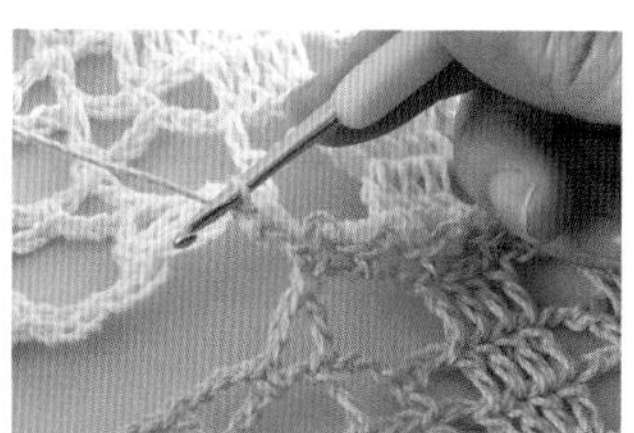

46 连接 7 处。

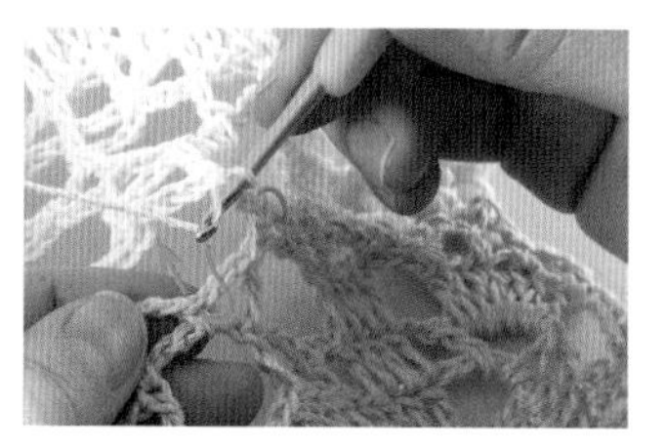

47 接下来绕线钩织 1 针长针。

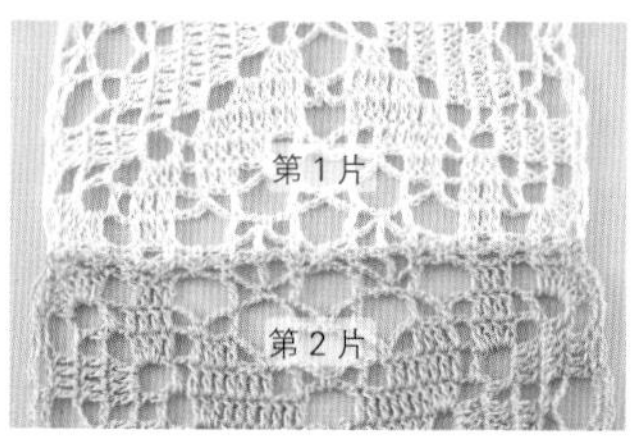
第 1 片
第 2 片

48 按照记号图在 2 个地方钩织长针。这样一边就完成连接了。

连接第3片（第 3 片与第 2 片连接）

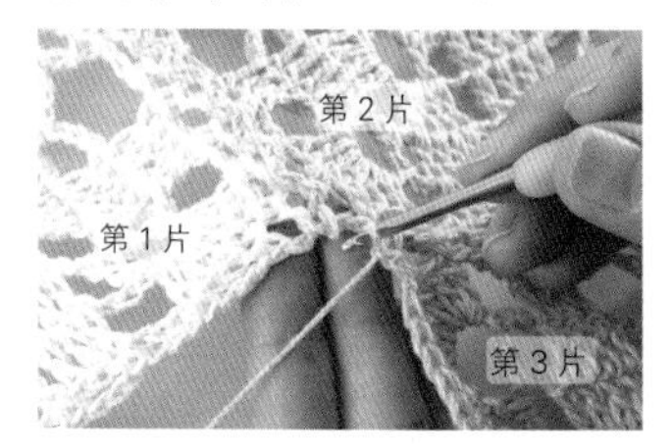
第 2 片
第 1 片
第 3 片

49 在连接的位置钩 1 针锁针后，将针插入第 2 片引拔针下面的 2 根线中。

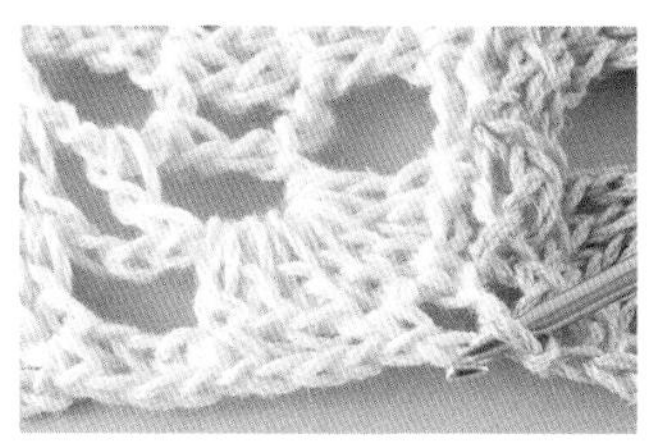

50 图中显示了针插入的位置。针上挂线引拔钩织。

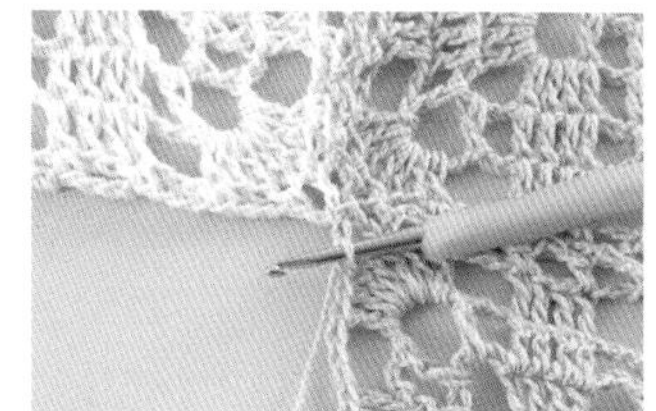

51 3 片连接在一起了。回到第 3 片上，继续按照记号图钩织。

连接第4片（第 4 片也与第 2 片连接）

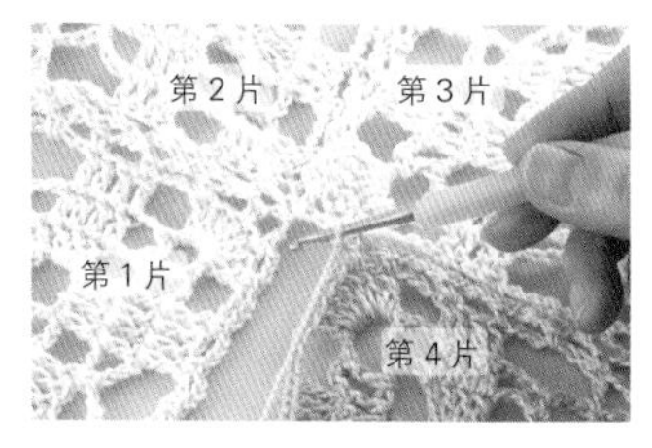
第 2 片
第 3 片
第 1 片
第 4 片

52 第 4 片的转角与第 3 片一样在同一位置入针。

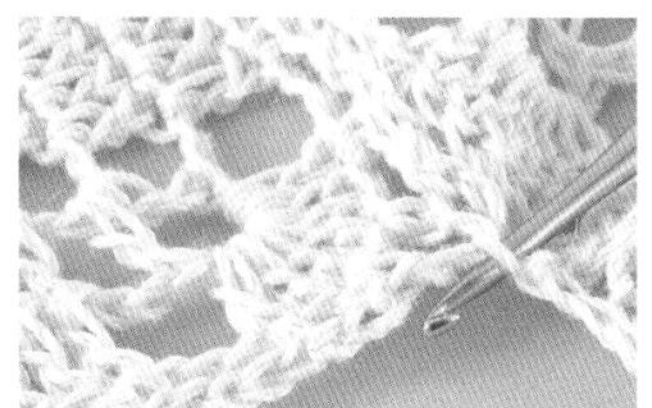

53 针插入的位置。

54 绕线引拔钩织。

55 第 4 片的转角连接上了。接着将第 1 片与第 4 片连接钩织到最后。

一直钩织到领口位置

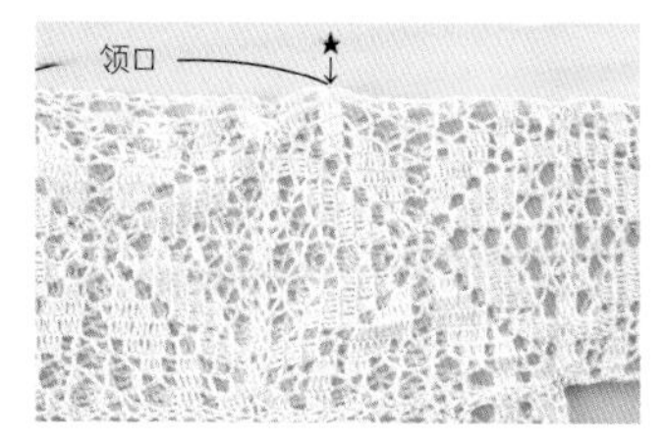
领口
★

56 用引拔针一直钩织到领口★位置。

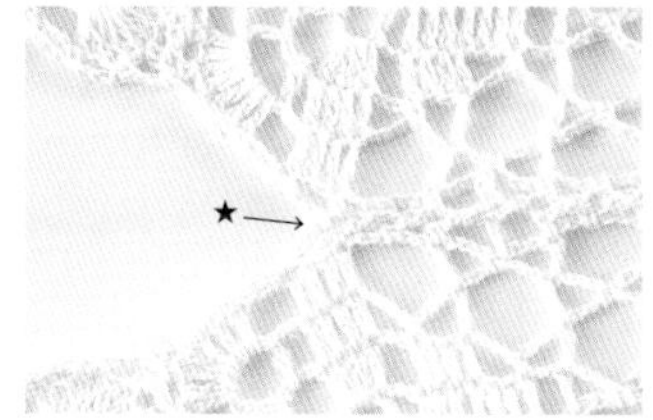
★

57 钩织到★的位置。

袖口边缘编织

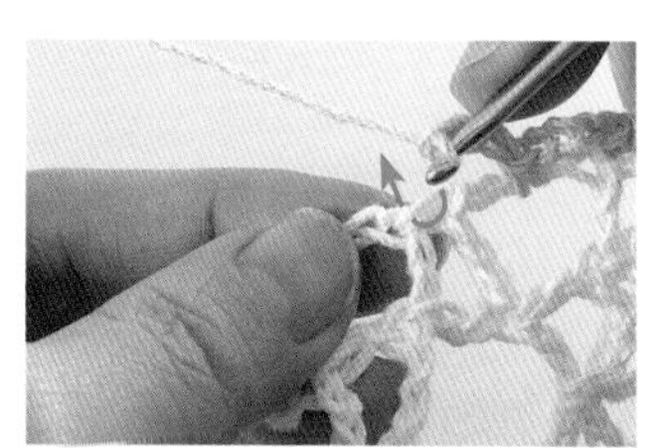

58 绕线立织 1 针锁针后，按“1 针短针，3 针锁针”的顺序重复钩织。从短针中挑针时按图中箭头指示插入后挑起。

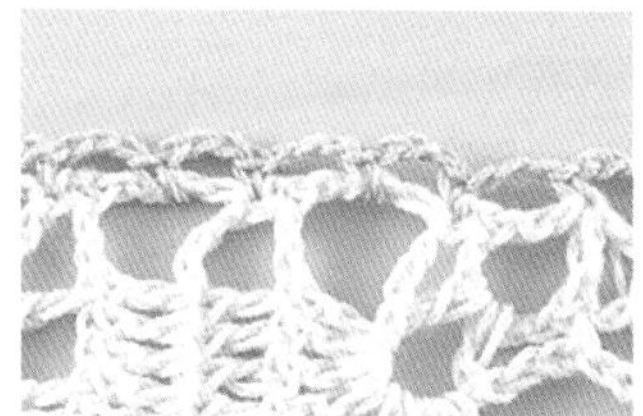

59 钩织 1 圈。

60 完成。

Lesson 2

O
page 27

肩部镂空无袖套头衫的编织方法

材料和工具

线……和麻纳卡 Paume (Colored Soil-Dyeing)
浅灰色(45)195克/8团
棒针5号，钩针5/0号

密度

(10cm×10cm)
下针编织：22 针，28 行
花样 B：4.5 山，11.5 行

成品尺寸

胸围84cm，衣长51cm，连肩袖长27cm

编织要点

(起针)手指绕线起针(参见92页)。

(前、后身片)无加减针编织98行下针后，伏针收针。

(前、后育克)编织3行花样A。接着无加减针编织14行花样B。

(肩部引拔针的锁针钉缝)正面相对重叠前、后身片，并用引拔针的锁针钉缝。

(肋的接缝)挑取边端第1针的里侧渡线，从下摆一直接缝到开口处。

(下摆边缘编织)绕线钩织2圈。

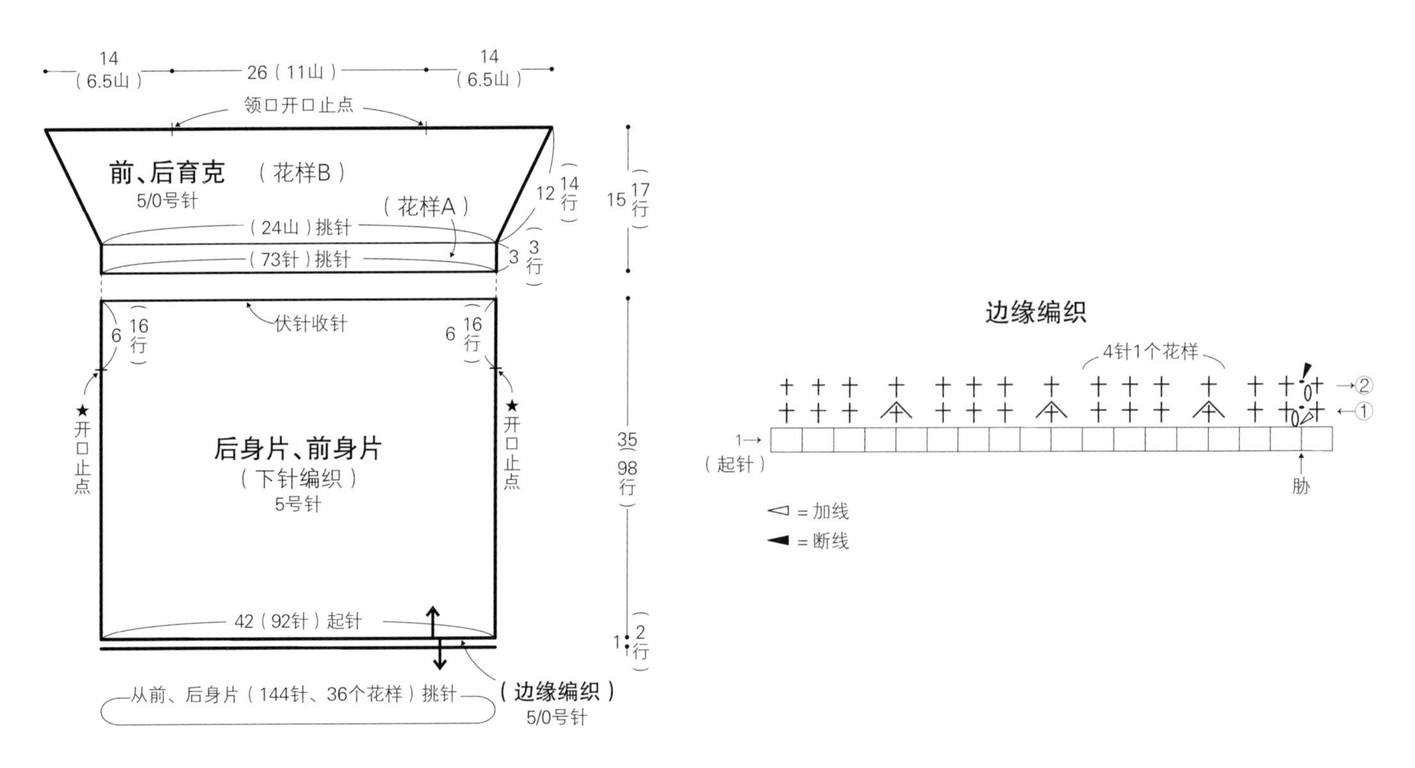

14 (6.5山)
26 (11山)
14 (6.5山)
领口开口止点
前、后育克
(花样B)
5/0号针
(花样A)
(24山)挑针
(73针)挑针
12 14行
3 3行
15 17行
伏针收针
6 16行
6 16行
★开口止点
★开口止点
后身片、前身片
(下针编织)
5号针
35 98行
42 (92针) 起针
1 2行
从前、后身片(144针、36个花样)挑针
(边缘编织)
5/0号针
边缘编织
4针1个花样
1→
(起针)
胁
②
①
= 加线
= 断线

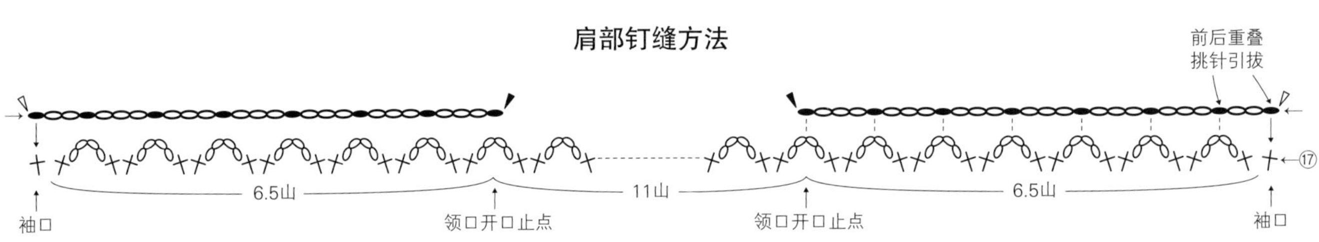

肩部钉缝方法
前后重叠
挑针引拔
⑰
6.5山
11山
6.5山
袖口
领口开口止点
领口开口止点
袖口

花样 A、B（育克）

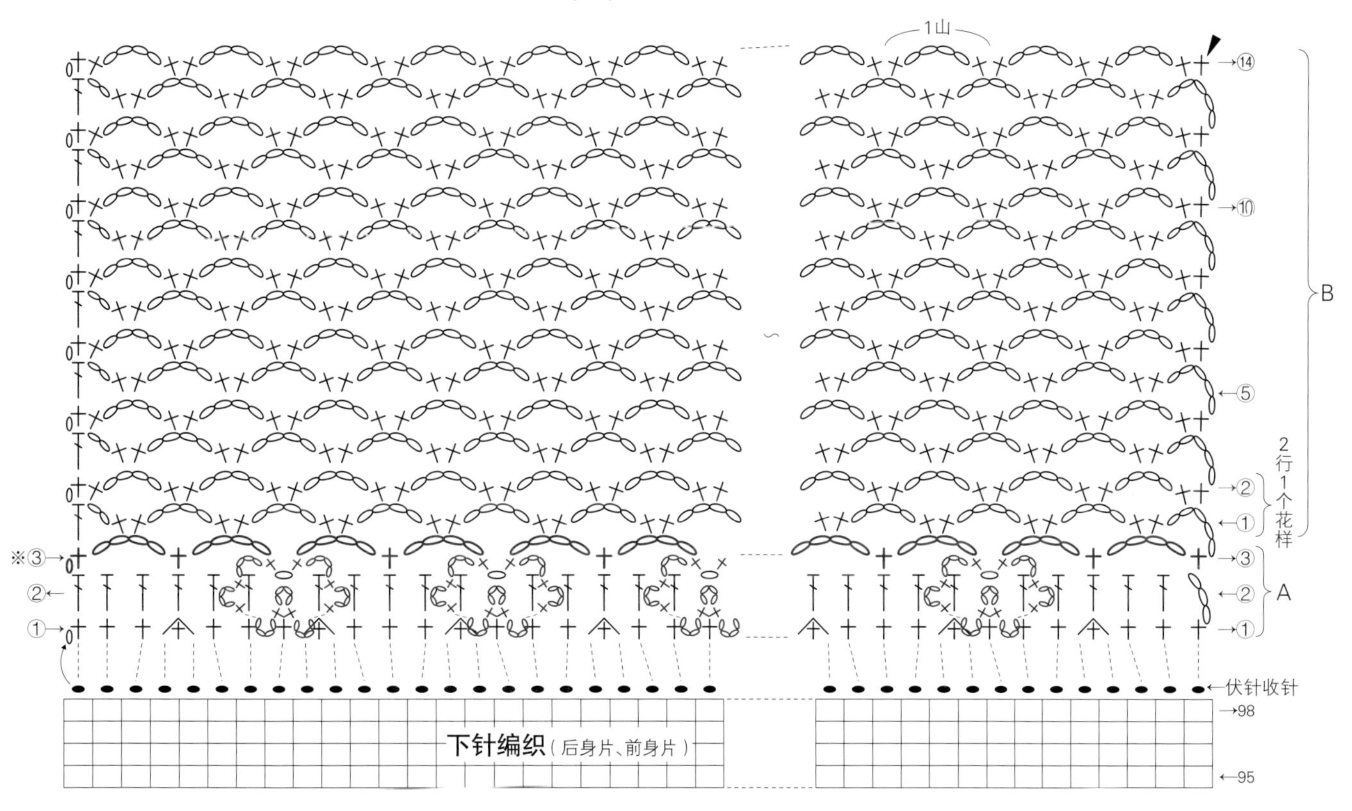
1山
→⑭
→⑩
←⑤
→②
←①
B
2行1个花样
※③→
②←
①→
→③
←②
→①
A
←伏针收针
→98
←95
下针编织（后身片、前身片）

花样A ※第3行的钩织方法

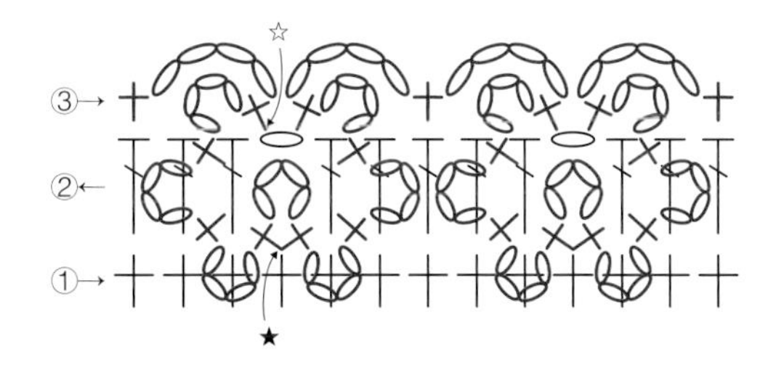
☆
③→
②←
①→
★

☆：整段挑取第2行的锁针钩织短针，编好第4针锁针后在长针的尾部挑针钩织短针。

★：从第1行的短针反面挑针。

前、后身片

下针编织

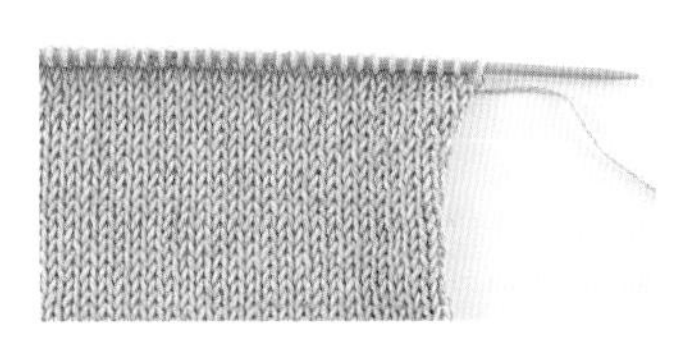

1 手指绕线起针，无加减针编织 98 行。

伏针收针

2 织出 2 针下针后，左棒针按箭头指示方向插入第 1 针中。

3 用第 1 针覆盖住第 2 针。

4 这样 1 针收针就完成了。

5 接着织 1 针下针，利用左棒针挑针覆盖住第 2 针。

6 重复步骤 5。

7 重复织到最后。

8 换上钩针，针上绕线引拔，收针。

前、后育克

花样A 第1行

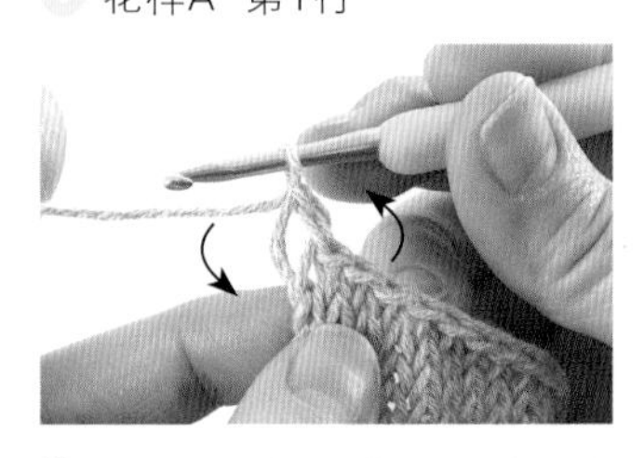

9 立织 1 针锁针后，将织片向右翻转捏住。

10 按照箭头方向将针尖插入边上的针目中。

11 针上绕线拉出，钩织短针。

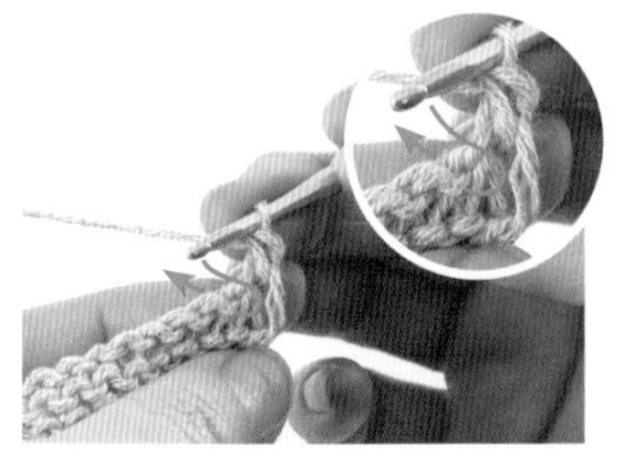

12 短针钩织完成。接着再钩织 2 针短针。

2针短针并1针

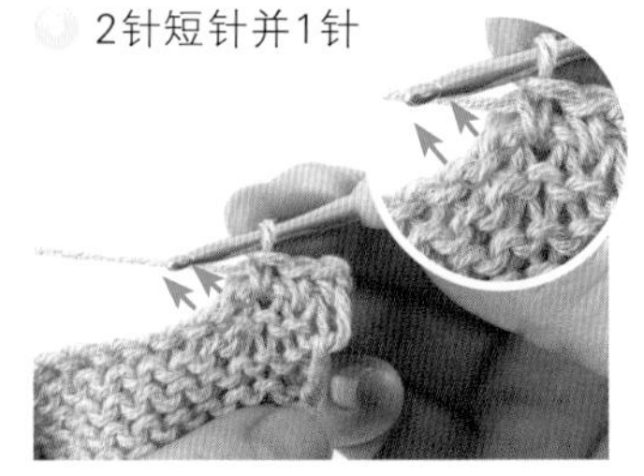

13 按照箭头的指示入针后，绕线拉出与第 1 针锁针同样的高度。重复 1 次。

14 钩织 2 针未完成的短针后，针上绕线引拔穿过 3 个线圈。

15 2 针短针并 1 针就完成了。

16 接着按照记号图重复“短针 3 针，2 针短针并 1 针”来完成第 1 行的钩织。

第2行

17 立织 3 针锁针后，将织片向右翻转捏住。

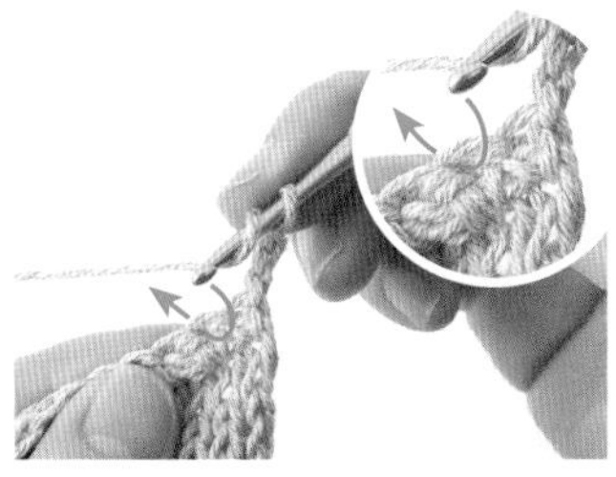

18 针上绕线按照箭头方向插入第 2 针中钩织长针。

19 钩好 5 针长针后，钩织 1 针锁针，跳过 1 针钩织长针。依此重复钩织。

20 按照记号图钩织，第 2 行钩织完成。

第3行

＊为使图片看起来更清楚特别替换了颜色醒目的线。

21 立织 1 针锁针后，翻转织片，按箭头指示方向入针。

22 边上针目钩织短针。

23 钩织 4 针锁针后，跳过 2 针入针。

24 钩织 1 针短针。

25 钩织 4 针锁针后，按箭头方向整段挑取前 1 行锁针。

26 钩织 1 针短针。

27 钩织 4 针锁针，翻转织片，从正面按箭头指示方向挑取第 2 行长针的尾部。

28 针上绕线拉出，钩织短针。

29 钩织 4 针锁针后，与步骤 27 一样挑取后钩织短针。

30 钩织 4 针锁针后，转动织片按照箭头方向挑取第 1 行短针头上的 2 根线。

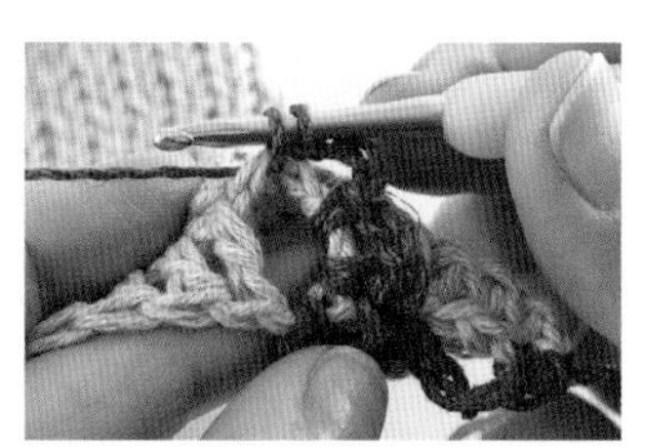

31 针上绕线拉出，钩织短针。

32 钩织 4 针锁针后，在步骤 30 中的同一针目中钩织短针。

33 钩织 4 针锁针，转动织片整段挑取长针尾部钩织短针。

34 钩织 4 针锁针，与步骤 33 一样挑针后钩织短针。

35 钩织 4 针锁针，按箭头方向整段挑取前 1 行锁针钩织短针。

36 这样完成第 1 个花样。钩织 4 针锁针后，翻转织片。

37 从反面按照箭头方向入针钩织短针。

38 钩织 4 针锁针，按箭头方向整段挑取锁针钩织短针。重复步骤 27~38。

39 2 个花样钩织完成了。从正面看的效果。

40 从反面看的效果。

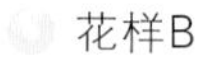

花样B

41 立织 3 针锁针后，翻转织片。

42 钩织 2 针锁针后，整段挑取前 1 行锁针钩织 2 针短针。

43 重复“4 针锁针，2 针短针”，左端钩织 2 针锁针和 1 针长针。第 1 行完成。

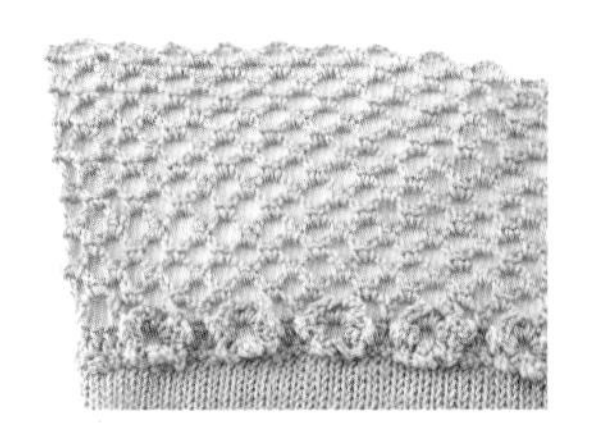

44 无加减针钩织到第 14 行。前、后同样钩织 2 片。

肩部引拔针的锁针钉缝

*为使图片看起来更清楚特别替换了颜色醒目的线。

45 前、后身片正面相对重叠，挑取顶端短针头上的 2 根线。

46 针上绕线引拔。

47 钩织 2 针锁针，整段挑取锁针后绕线。

48 引拔。

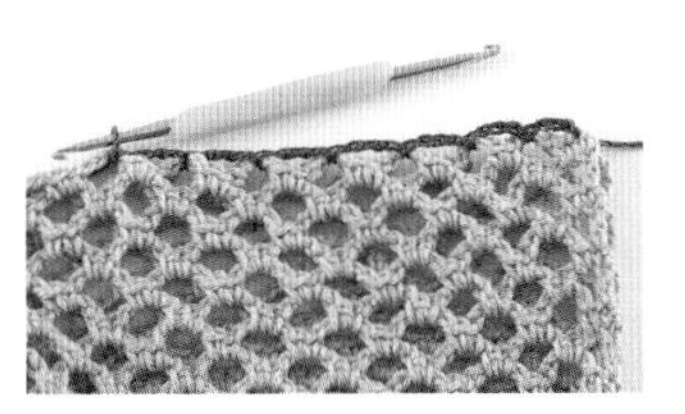

49 重复钩织 6 次“3 针锁针，1 针引拔针”。

50 钩完最后 1 针时针上绕线引拔。

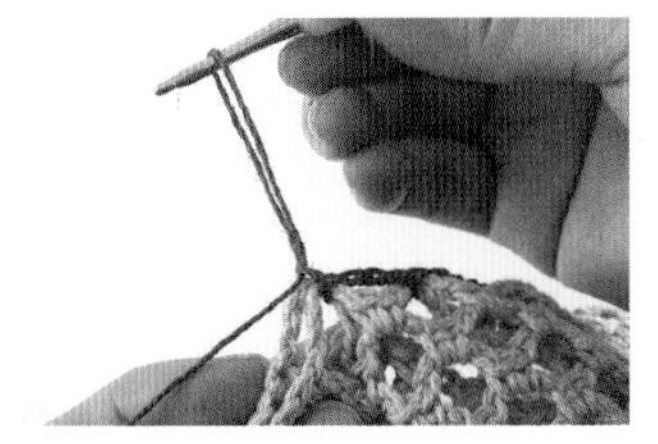

51 拉出棉线，留出约 10cm 线头后剪掉。

52 线头穿入针中，从反面穿过五六针后剪断。

胁的接缝

＊为使图片看起来更清楚特别替换了颜色醒目的线。

53 编织起点的线尾穿入缝衣针中，起针线接缝。

54 另一侧也将起针线接缝。

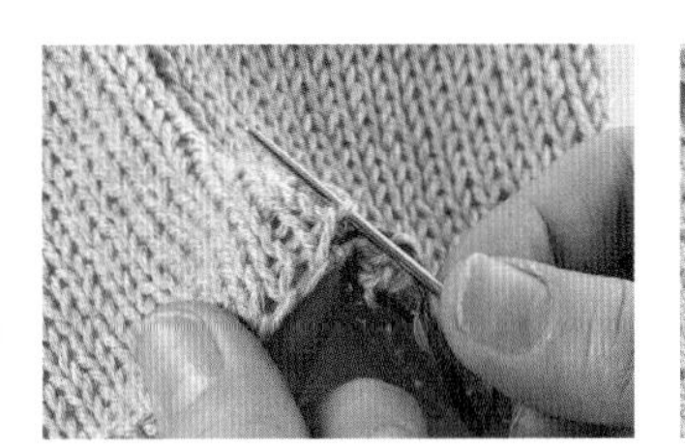

55 穿过边端第 1 针的里侧渡线。

56 另一侧的第 1 针的里侧渡线同样接缝。

下摆边缘编织

57 重复步骤55、56（拉紧到看不见接缝线为止）。

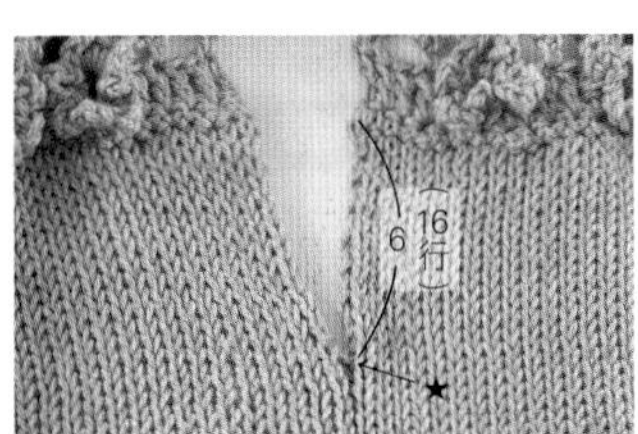
6
16行
★

58 接缝到开口处（★）。

59 在胁的位置绕线，钩 1 针锁针后，挑取起针的 2 根线编织短针。

60 按照记号图环形钩织 2 圈。

61 完成。

Lesson 3

T
page 33

方眼花饰长袖开衫的编织要点

※ 材料、编织图在 84、85 页。

花饰的钩织方法

1 在指定的锁针处入针。

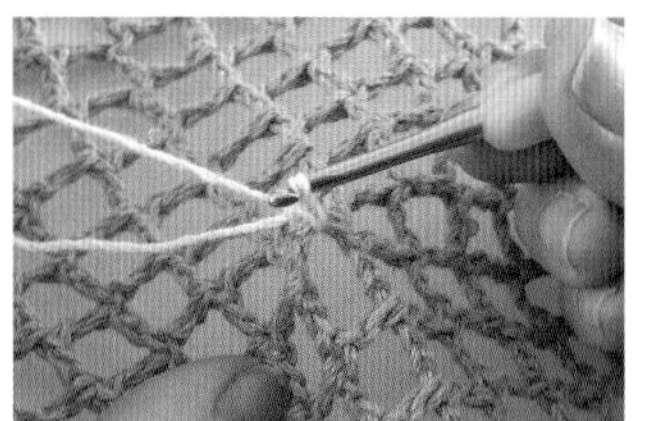

2 绕上花饰用的线引拔。

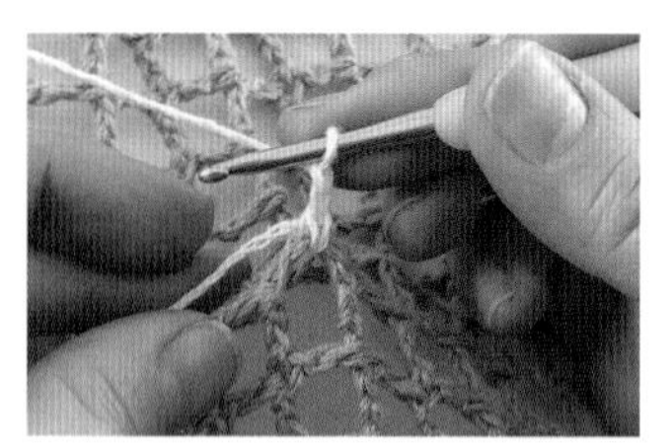

3 立织的 2 针锁针。

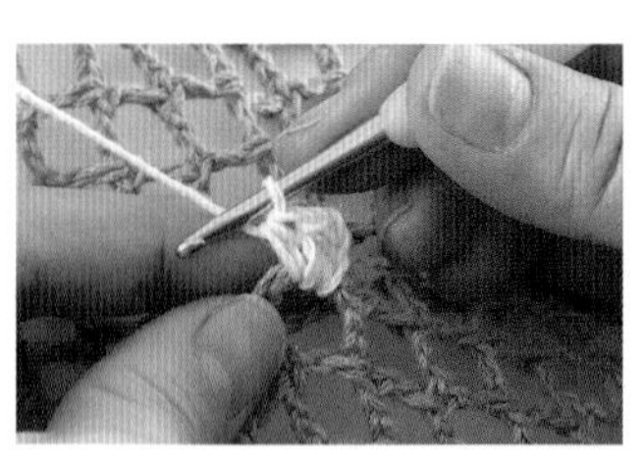

4 整段挑针钩织 2 针中长针后，钩织 2 针锁针。

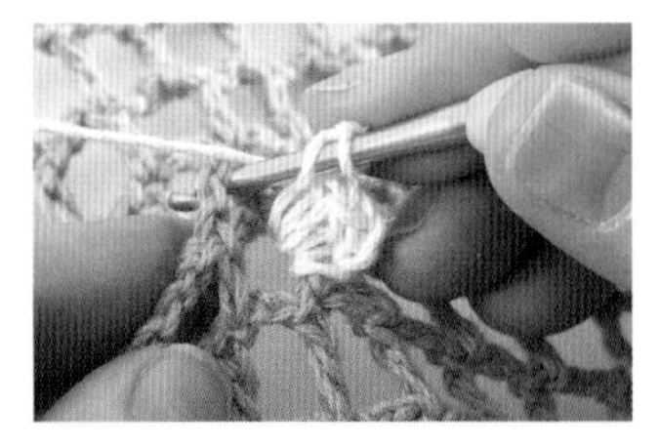

5 转动织片，针上绕线整段挑取锁针。

6 钩织 3 针中长针、2 针锁针。这样重复钩织 1 圈。

7 最后 1 针，挑取立起锁针的第 2 针的半针和里山引拔。

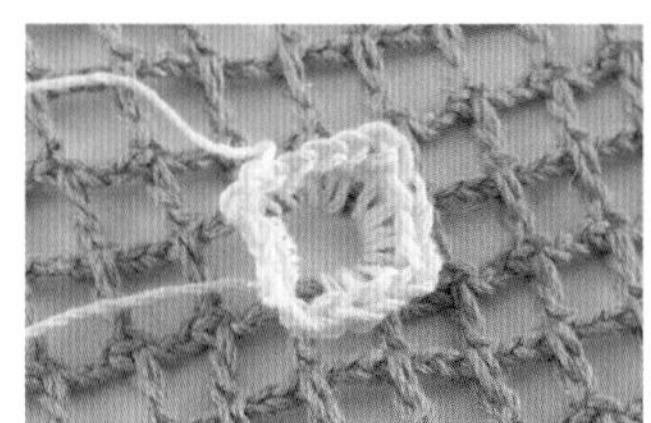

8 花饰钩织好了。线头在内侧藏好。

边缘编织

＊为使图片看起来更清楚特别替换了颜色醒目的线。

1 第 1 行按照记号图来钩织。第 2 行绕线引拔。

2 钩织 2 针锁针。

3 将针暂时抽离，整段挑取第 1 行的锁针。

4 插入环中。

5 按照箭头指示拉出。

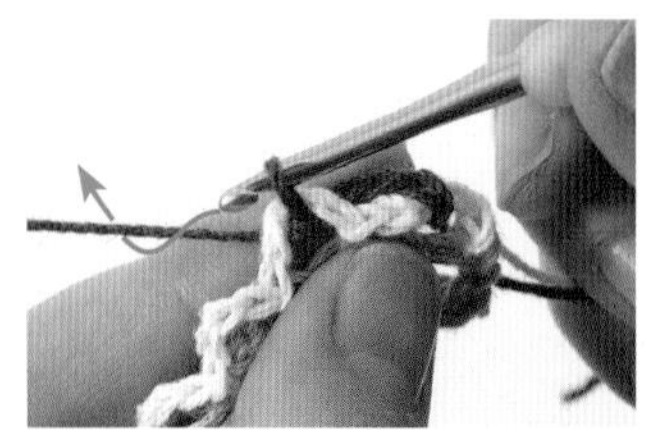

6 拉出后的效果。针上绕线再次引拔。重复步骤 2~6。

7 转角也按照步骤 2~6 钩织。

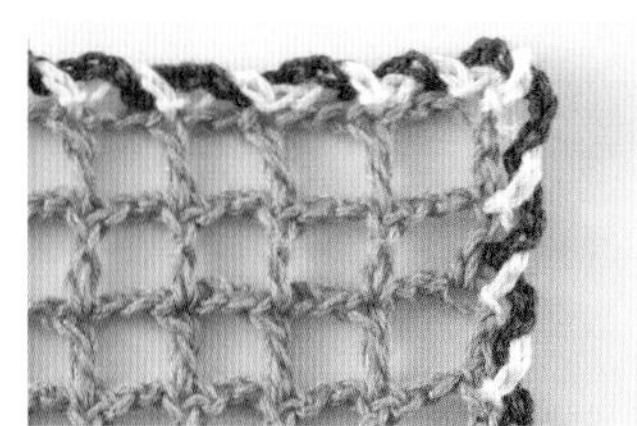

8 边缘编织完成。

B
page
6

蕾丝花样吊带衫

材料和工具

线……和麻纳卡 Flax C
芥末黄色（105）290克/12团
钩针3/0号、2/0号
纽扣……直径1.1cm（白色）3颗

密度

（10cm×10cm）
花样 A：29 针，12 行
花样 B：7.5 山，12.5 行
花样 C：7.5 山，12 行
花样 D：28 针，18 行

成品尺寸

胸围85cm，衣长72cm

编织要点

（起针）锁针起针，在花样变换处开始钩织。

（前、后裙片）第1行挑取锁针半针和里山开始钩织。无加减针钩织花样A。花样B在花样A的1个花样中挑针8山，按图中所示中央的1个花样只挑针7山便可。花样C按照图示挑针后无加减针钩织。

（饰带）从起针中挑针钩织花样 D。

（肩带）在 4 处指定位置绕线钩织，前身片肩带 29 行，后身片肩带 30 行。前、后身片肩带卷针缝钉缝。

（组合）后身片正面相对重叠，按“引拔针 1 针，锁针 3 针”的顺序用引拔针的锁针钉缝至开口处。后身片的开口处钩织 2 行短针调整，在指定位置钩织扣眼。边缘编织部分钩织 1 行。缝上 3 颗纽扣。

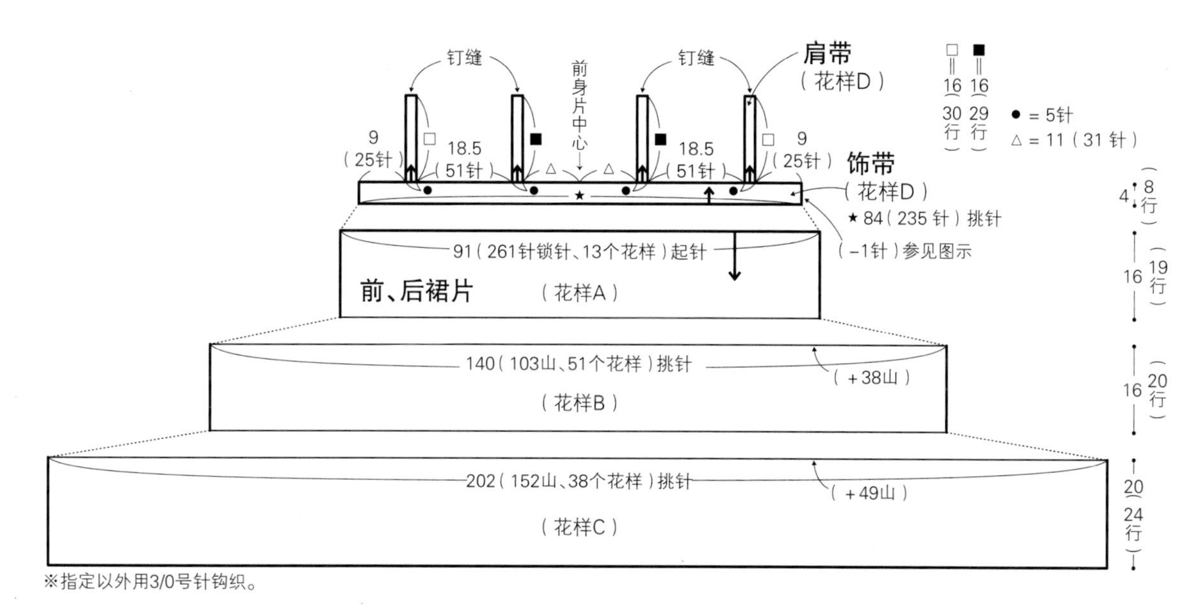
钉缝
前身片中心
钉缝
肩带
（花样D）
□ = 16 / 30行
■ = 16 / 29行
● = 5针
△ = 11（31 针）
9
（25针）
18.5
（51针）
18.5
（51针）
9
（25针）
饰带
（花样D）
★ 84（235 针）挑针
（−1针）参见图示
4（8行）
91（261针锁针、13个花样）起针
前、后裙片
（花样A）
16（19行）
140（103山、51个花样）挑针
（+38山）
（花样B）
16（20行）
202（152山、38个花样）挑针
（+49山）
（花样C）
20（24行）

※指定以外用3/0号针钩织。

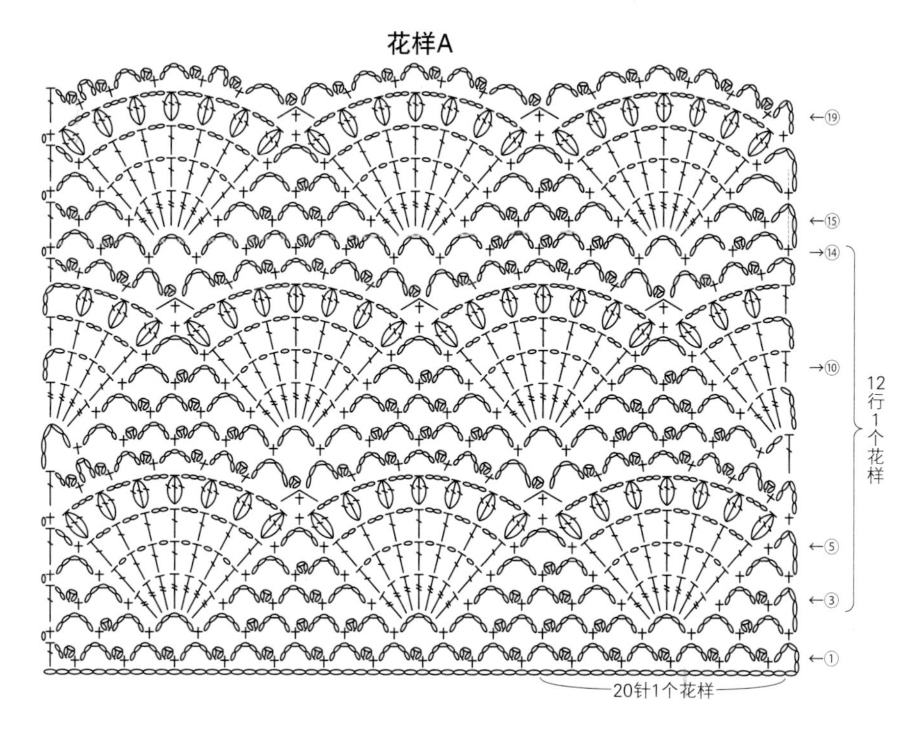
花样A
←⑲
←⑮
→⑭
→⑩
←⑤
←③
←①
12行1个花样
20针1个花样

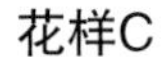
花样C

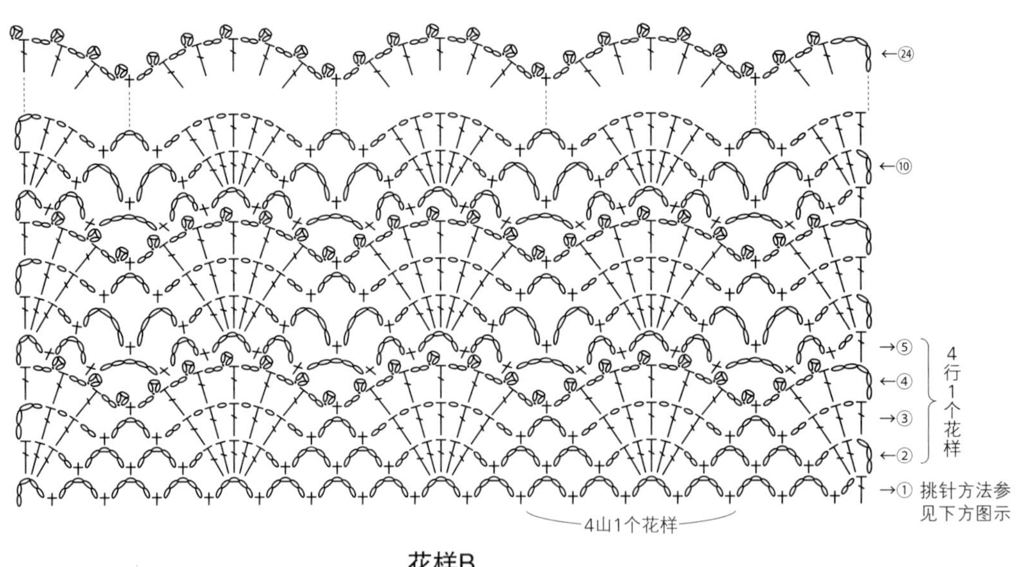
←㉔
←⑩
→⑤
←④
→③
←②
→① 挑针方法参见下方图示
4行1个花样
4山1个花样

花样B

←⑳
→⑮
←⑩
←⑥
→⑤
←④
→③
←②
→①
6行1个花样
挑针方法参见下方图示
2山1个花样

花样变换处的挑针方法

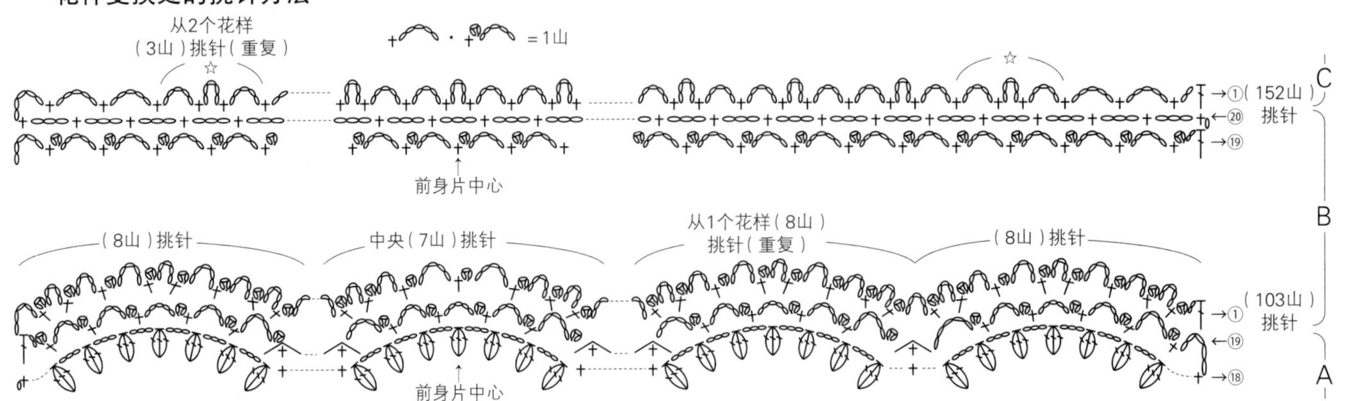
从2个花样（3山）挑针（重复）
☆
=1山
☆
→①（152山）挑针
←⑳
→⑲
前身片中心
C
B
（8山）挑针
中央（7山）挑针
从1个花样（8山）挑针（重复）
（8山）挑针
→①（103山）挑针
←⑲
→⑱
前身片中心
A

饰带、肩带、后身片开口、边缘编织的编织方法图

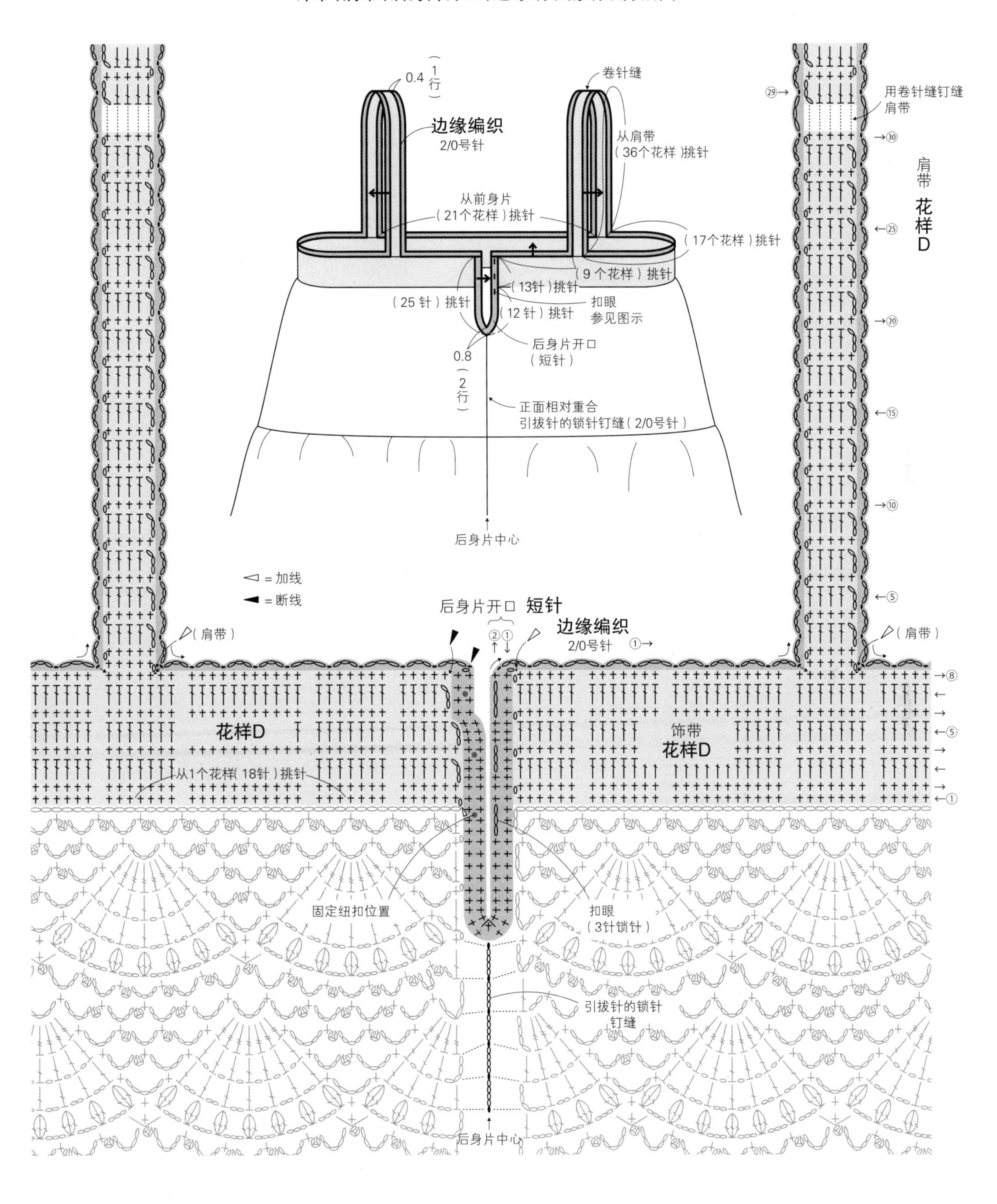

0.4（1行）
边缘编织
2/0号针
卷针缝
从肩带
（36个花样）挑针
从前身片
（21个花样）挑针
（17个花样）挑针
（9个花样）挑针
（13针）挑针
（25针）挑针
（12针）挑针
扣眼
参见图示
后身片开口
（短针）
0.8（2行）
正面相对重合
引拔针的锁针钉缝（2/0号针）
后身片中心
用卷针缝钉缝
肩带
肩带
花样D
◁ = 加线
◀ = 断线
（肩带）
后身片开口 短针
边缘编织
2/0号针
花样D
从1个花样（18针）挑针
饰带
花样D
固定纽扣位置
扣眼
（3针锁针）
引拔针的锁针
钉缝
后身片中心

C
page
8

小翻领两穿开衫

● 材料和工具

线……和麻纳卡 Email　原色×金色（6）245克/10团

棒针6号

● 密度

（10cm×10cm）

花样 A：24 针，28 行

花样 B：24 针，29.5 行

● 成品尺寸

衣长42cm

● 编织要点

（起针）手指绕线起针，从背部中线开始编织。

（后身片、前身片）无加减针编织花样 A、B。花样 B 最后 1 行的 47 针停针，54 针以起伏针编织到第 8 行，然后伏针收针。对侧挑针起针开始编织。同样的编织方法，起伏针编织要和对侧的部分对称。

（组合）将同样印有▲标识的部分正面相对引拔钉缝（参见 95 页）。将◎部分起伏针挑针接缝。将☆、★部分分别对齐接缝。

组合方法

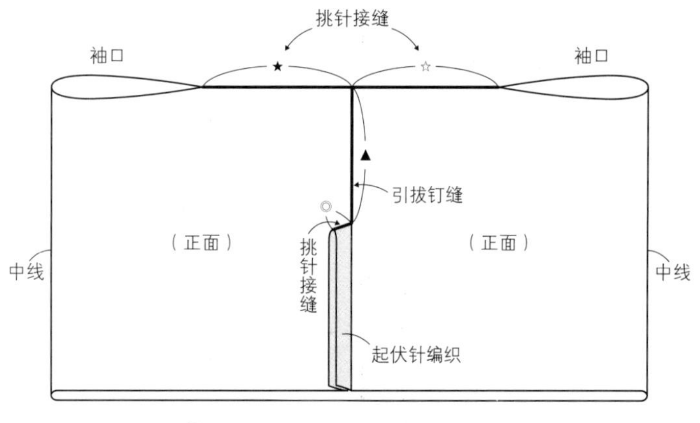
挑针接缝
袖口
袖口
★
☆
▲
引拔钉缝
◎
（正面）
（正面）
挑针接缝
中线
中线
起伏针编织

①将▲部分正面相对重叠引拔钉缝。
②将同样印有◎、★、☆的部分分别对齐接缝。

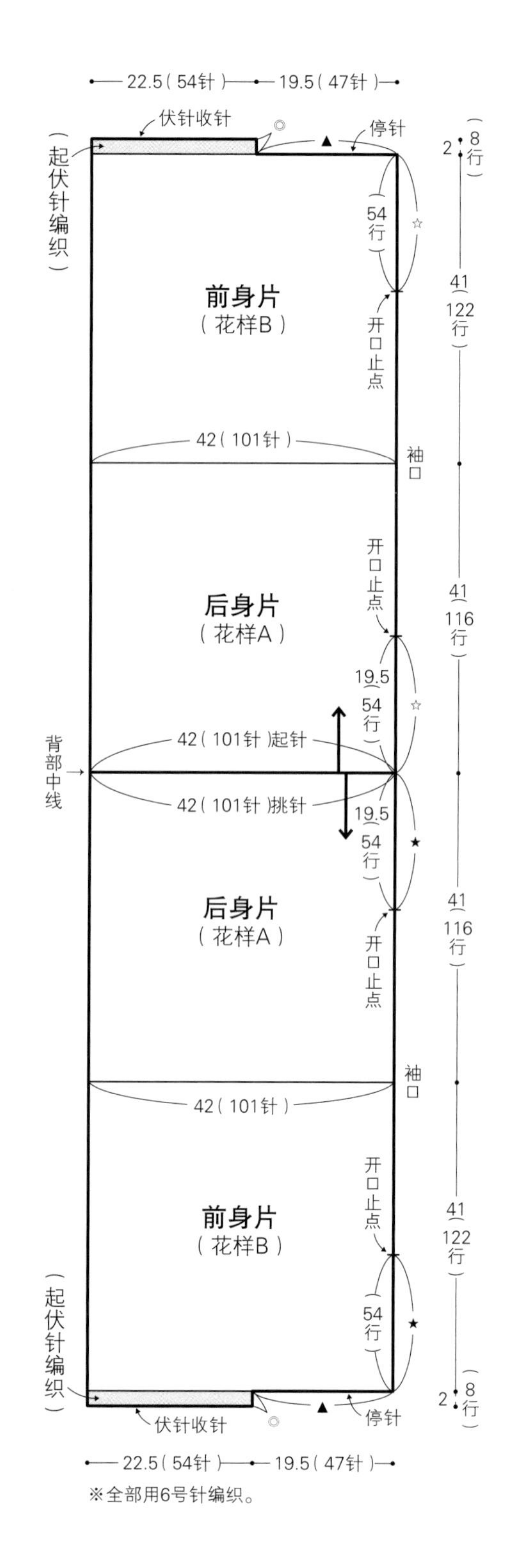
22.5（54针）
19.5（47针）
伏针收针
◎
▲
停针
（起伏针编织）
2（8行）
54行
☆
前身片
（花样B）
开口止点
41（122行）
42（101针）
袖口
开口止点
后身片
（花样A）
41（116行）
19.5
54行
☆
背部中线
42（101针）起针
42（101针）挑针
19.5
54行
★
后身片
（花样A）
开口止点
41（116行）
袖口
42（101针）
开口止点
前身片
（花样B）
41（122行）
（起伏针编织）
54行
★
2（8行）
伏针收针
◎
▲
停针
22.5（54针）
19.5（47针）

※全部用6号针编织。

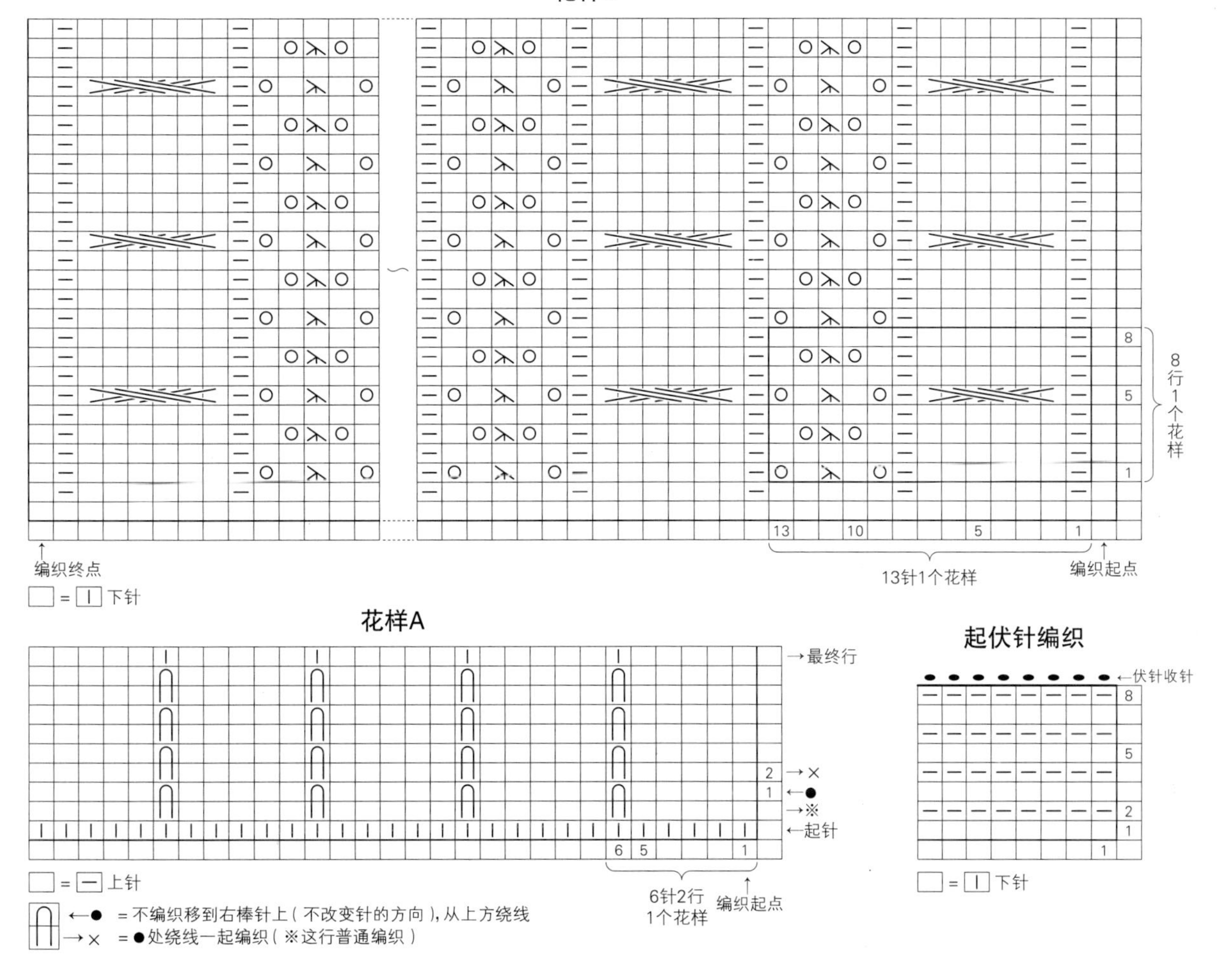

花样B
8
5
1
8行1个花样
13
10
5
1
编织终点
13针1个花样
编织起点
= 下针
花样A
→最终行
2 →×
1 ←●
→※
←起针
6 5
1
= 上针
←● =不编织移到右棒针上（不改变针的方向），从上方绕线
→× =●处绕线一起编织（※这行普通编织）
6针2行1个花样
编织起点
起伏针编织
←伏针收针
8
5
2
1
1
= 下针

右上2针交叉

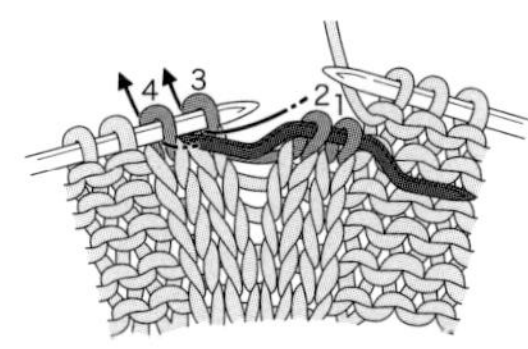

1 移2针到麻花针上，置于织物前面，暂停编织。

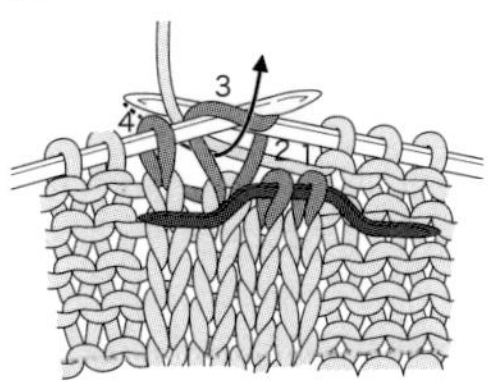

2 按照3、4的顺序编织下针。

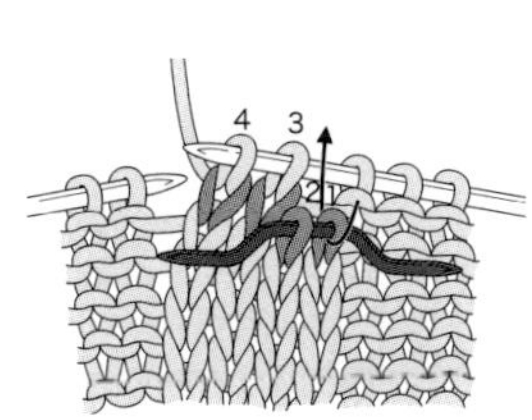

3 暂停编织，将右棒针按箭头方向插入麻花针上的针目1中。

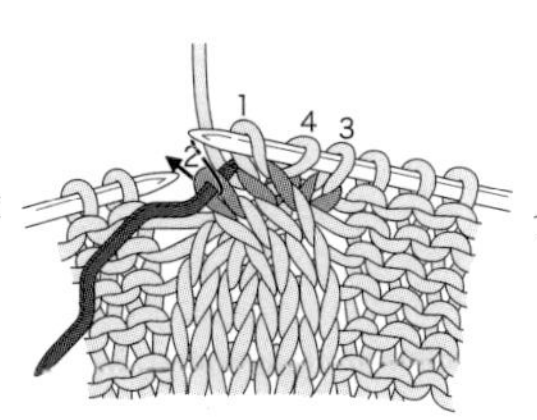

4 按1、2的顺序编织下针。

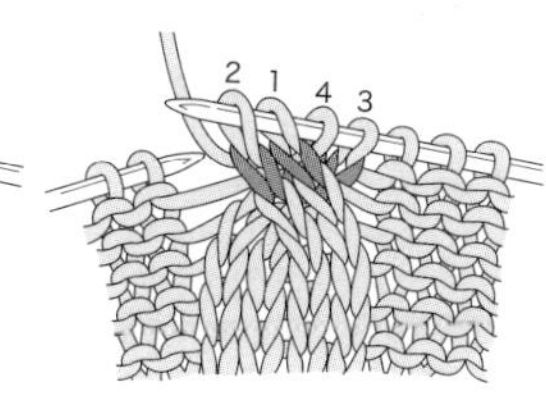

5 右上2针交叉就完成了。

左上2针交叉

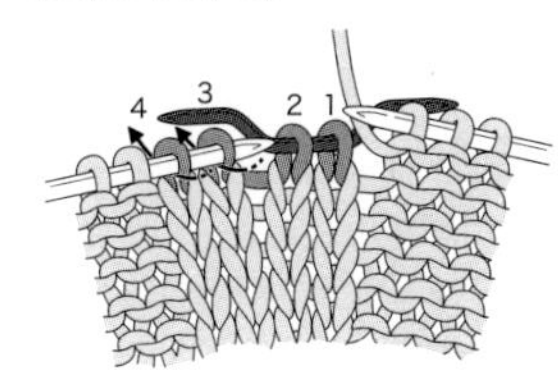

1 移2针到麻花针上，置于织物后面，暂停编织。

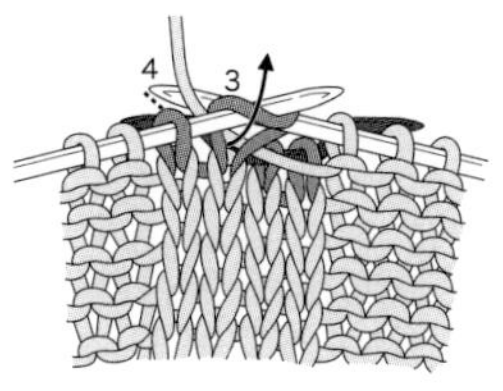

2 针目3织下针。

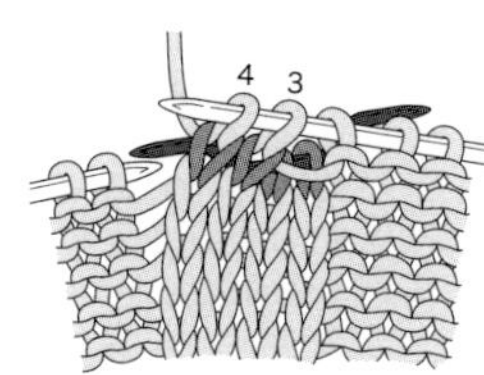

3 针目4也编织下针。

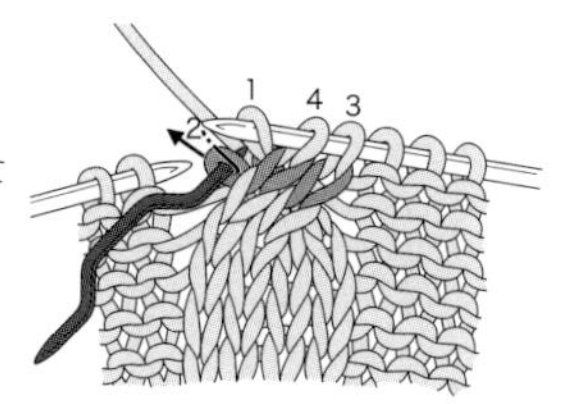

4 暂停编织，将麻花针上的针目1、2编织下针。

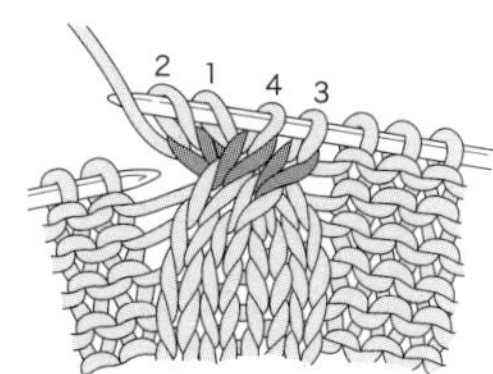

5 左上2针交叉完成了。

D
page
11

镂空花样两穿披肩

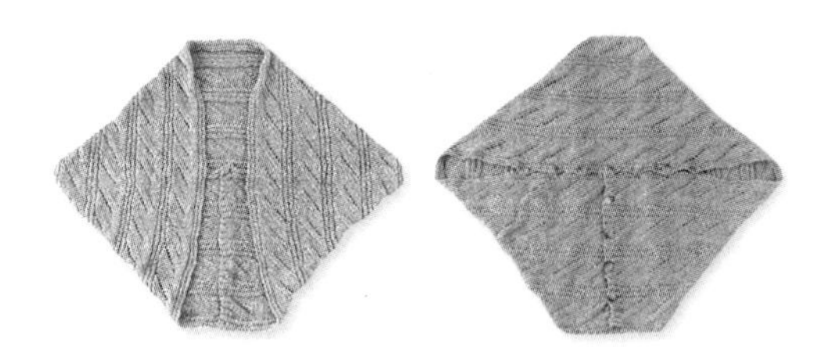

● 材料和工具

线……和麻纳卡 Email

粉色×银色（2）225克/9团

棒针5号

纽扣……直径1.8cm（米黄色）12颗

● 密度

（10cm×10cm）

花样：32 针，31 行

● 成品尺寸

宽32cm，长149cm

● 编织要点

（起针）手指绕线起针开始编织。

（主体）双罗纹针编织 6 行，按照花样无加减针编织。接着双罗纹针编织 5 行，编织终点处伏针收针。

（组合）在 13 处做扣眼。在指定位置缝合纽扣。

※ 玛格丽特按照图示在中央位置重叠后缝合纽扣。

扣眼和纽扣缝合的位置

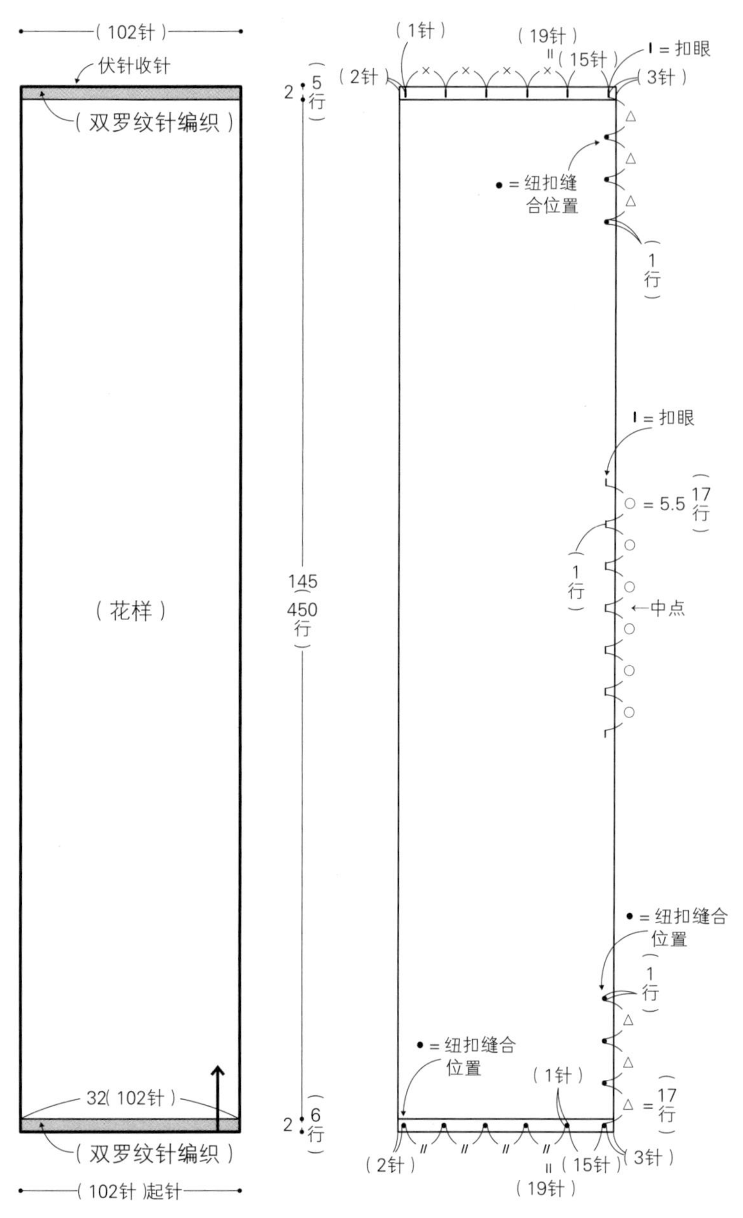
（102针）
伏针收针
（双罗纹针编织）
2 5行
145 450行
（花样）
32（102针）
（双罗纹针编织）
2 6行
（102针）起针
（1针）
（19针）
（15针）
（2针）
（3针）
I = 扣眼
● = 纽扣缝合位置
1行
○ = 5.5 17行
←中点
△ = 17行

※全部以5号针编织。

围脖&披肩

中点

缝合纽扣

扣眼

玛格丽特

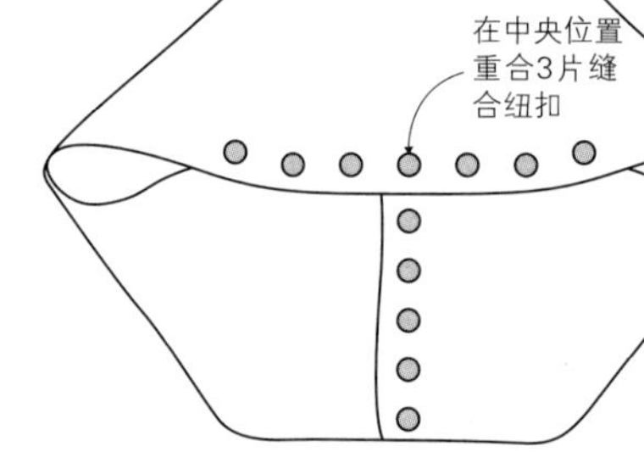
在中央位置
重合3片缝
合纽扣

花样

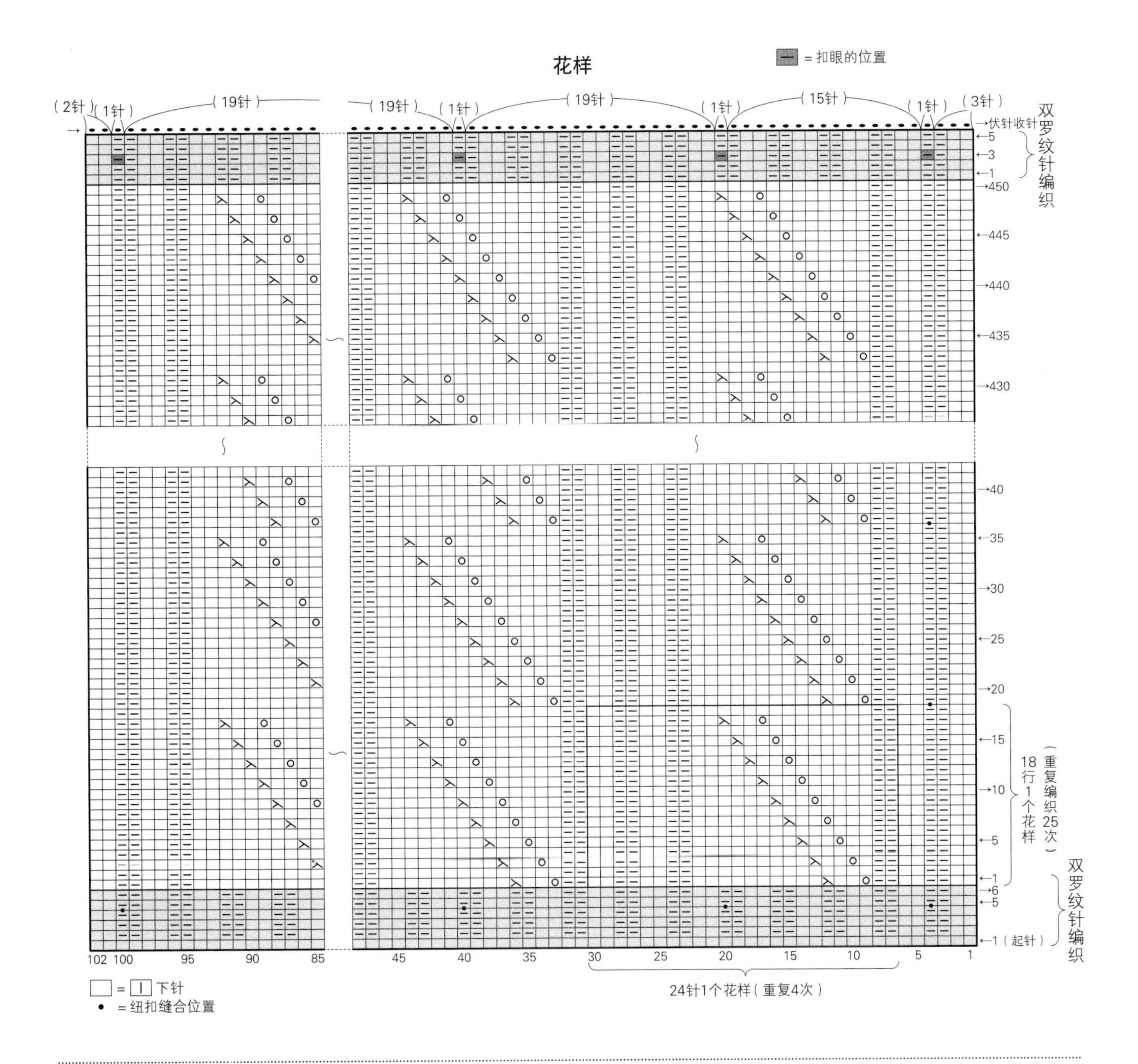

= 扣眼的位置
(2针)
(1针)
(19针)
(19针)
(1针)
(19针)
(1针)
(15针)
(1针)
(3针)
→伏针收针
双罗纹针编织
←5
←3
←1
→450
←445
→440
←435
→430
→40
←35
→30
←25
→20
←15
→10
←5
←1
→6
←5
←1(起针)
18行1个花样
(重复编织25次)
102 100 95 90 85
45 40 35 30 25 20 15 10 5 1
24针1个花样(重复4次)
= 下针
• = 纽扣缝合位置

扣眼

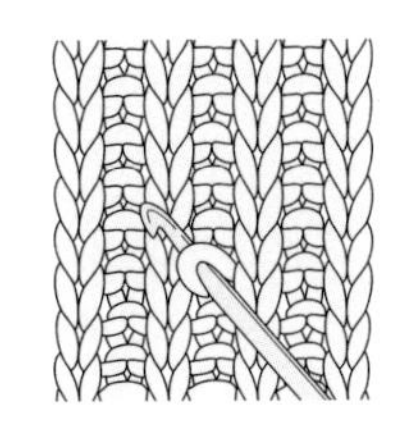

1 在要编织扣眼的位置入针。

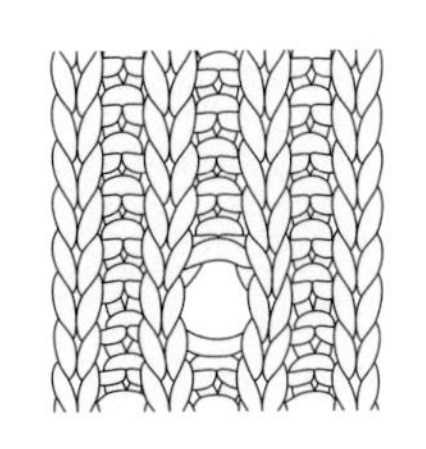

2 在针目的位置上下活动，达到能通过纽扣的大小。

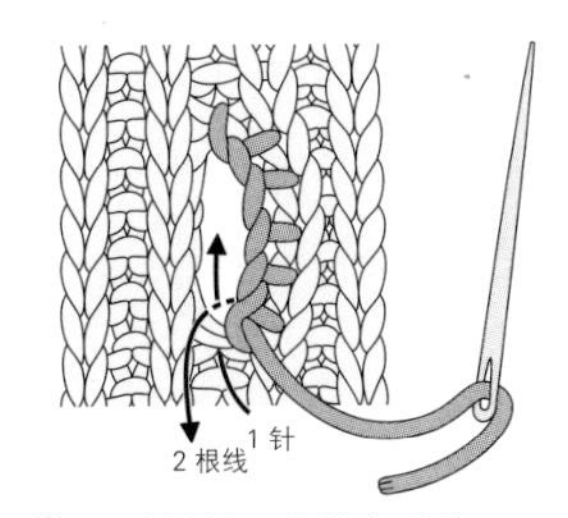

1针
2根线

3 用锁针缝固定扩大后的扣眼。

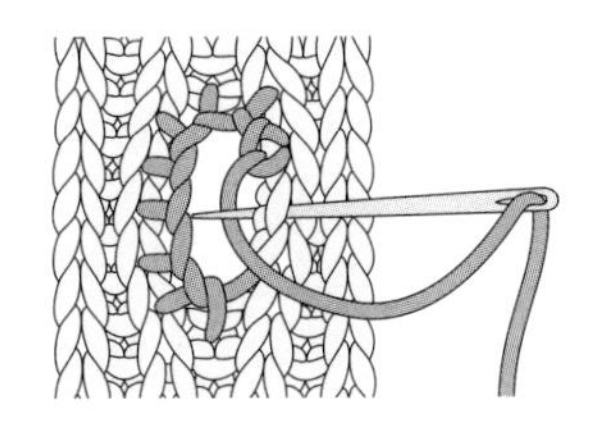

4 转动织片织1圈。

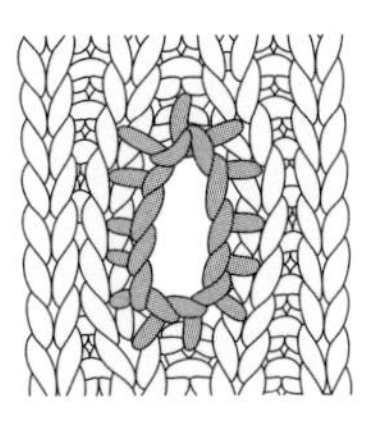

5 在反面打结，这样就完成了。

E
page
12

蕾丝花片套头衫

材料和工具

线……和麻纳卡 Wash Cotton Crochet
蓝色（109）150克/6团
钩针3/0号

花片尺寸

花片A：直径14cm
花片B：14cm×7cm

成品尺寸

胸围112cm，肩背宽56cm，衣长43cm

编织要点

（起针）花片A、B环形起针开始钩织。

（花片A）第1圈是在环中钩织12针短针。按照记号图钩完第3圈后剪断线。第4圈重新绕线钩织。第2片开始用引拔针连接，并且参照记号图织出领口和袖口。

（花片B）第1圈钩织7针短针。第2圈钩好3针锁针后，翻转织片从反面开始钩织。钩织到第3圈后剪断线。第4圈，在肩部的指定位置用引拔针连接。

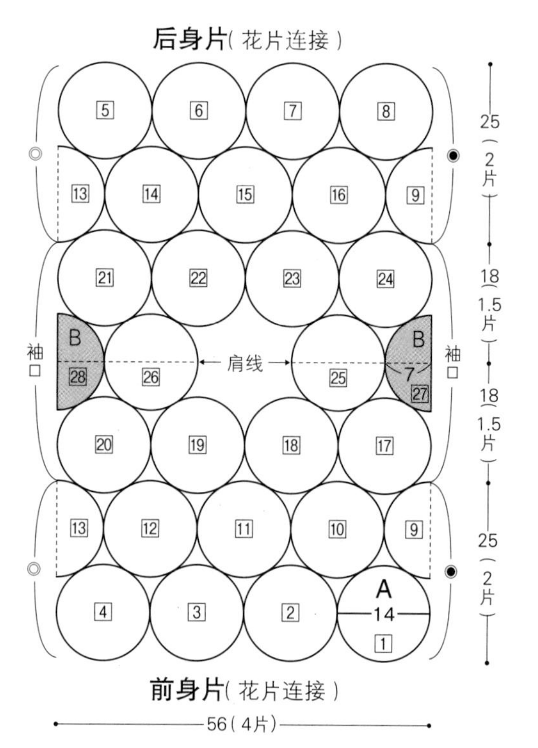
后身片（花片连接）
5
6
7
8
13
14
15
16
9
21
22
23
24
B
28
26
肩线
25
B
7
27
袖口
袖口
20
19
18
17
13
12
11
10
9
4
3
2
A
14
1
25（2片）
18（1.5片）
18（1.5片）
25（2片）
前身片（花片连接）
56（4片）

※全部用3/0号针钩织。
※按照1~28的顺序钩织连接。
※同样有◉、○标识的部分分别相连接。

花片A 26片
④
7
③
②
环
14

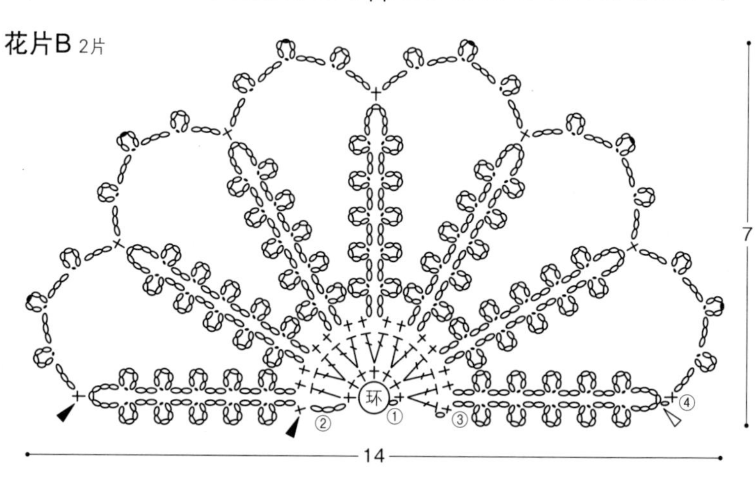
花片B 2片
7
环
①
②
③
④
14

◁＝加线
◀＝断线

※用第4圈的引拔针来边连接边钩织。

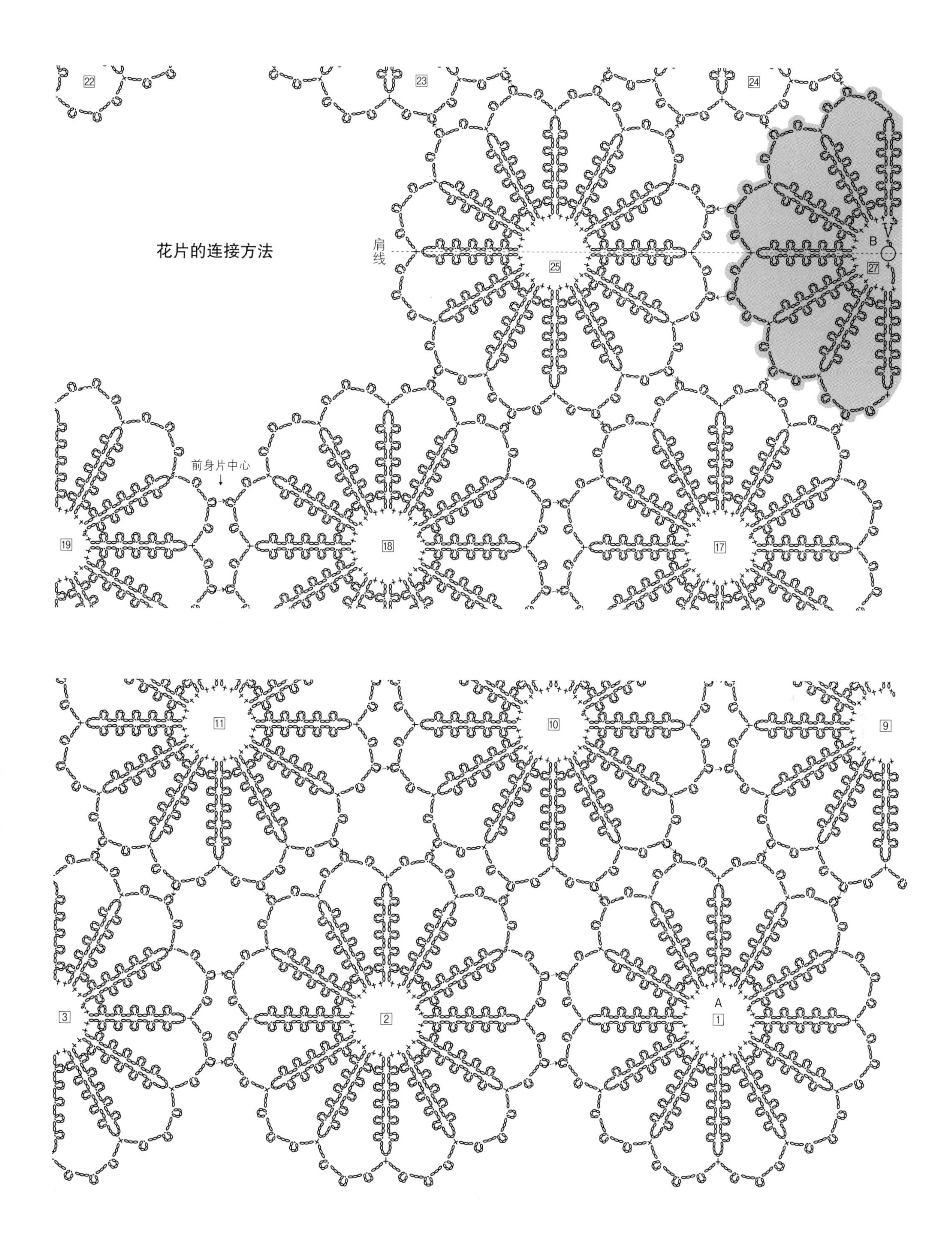

22
23
24
花片的连接方法
肩线
25
B
27
前身片中心
19
18
17
11
10
9
3
2
A
1

F
page
13

方形蕾丝花片背心

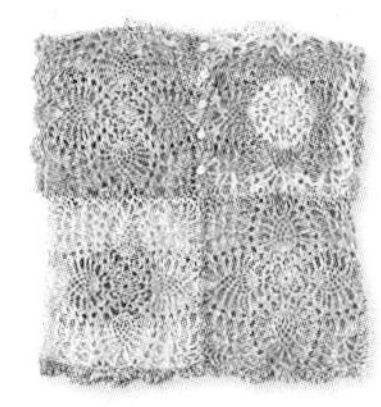

材料和工具

线……和麻纳卡 Wash Cotton Crochet Gradation
蓝色（204）140克/6团
钩针3/0号
纽扣……直径1.3cm（白色） 5颗

花片尺寸

22cm×22cm

成品尺寸

胸围88cm，衣长48cm，连肩袖长24cm

编织要点

（起针）环形起针开始钩织。

（后身片、前身片）第 1 圈是在环中钩织 16 针短针。3、4 圈的短针是整段挑取前 1 行的锁针钩织的。接着按照记号图钩到 12 圈。第 2 片开始边用引拔针连接边钩织，参照记号图钩织领口和袖口。

（边缘编织）从前、后身片的花片上挑针钩织后，在下摆和袖口处环形钩织边缘编织。短针和长针都是整段挑取锁针钩织的。领口的边缘编织，要按照记号图的指示挑针钩织。

（组合）在指定位置缝合纽扣。扣眼利用花样的孔眼制作。

※ 为使图片看起来更有层次所以可能出现颜色变化，请钩织的同时确认好线的颜色。

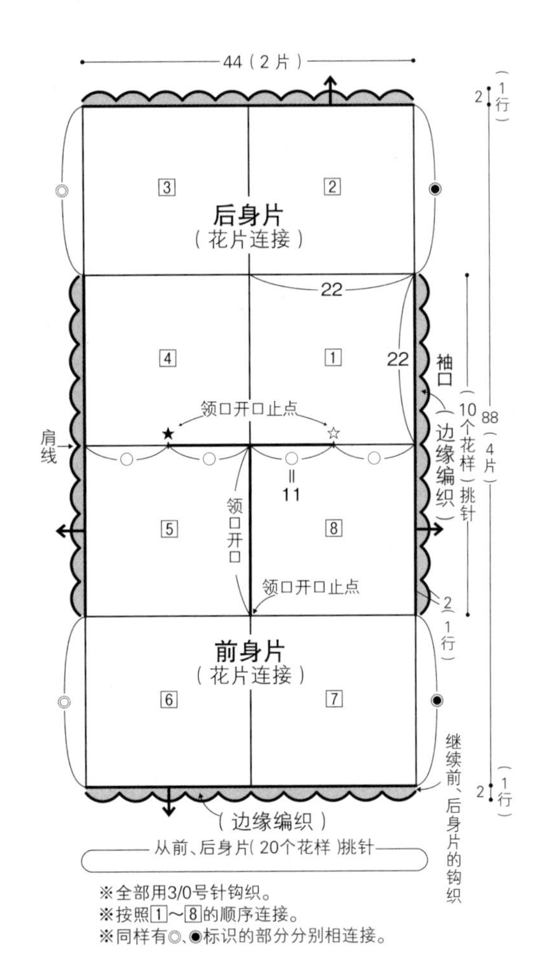

44（2片）
2（1行）
3
2
后身片
（花片连接）
22
4
1
22
袖口
领口开口止点
肩线
（边缘编织）10个花样）挑针
88（4片）
11
5
8
领口开口
领口开口止点
2（1行）
前身片
（花片连接）
6
7
继续前、后身片的钩织
2（1行）
（边缘编织）
从前、后身片（20个花样）挑针

※全部用3/0号针钩织。
※按照1～8的顺序连接。
※同样有◎、●标识的部分分别相连接。

花片 8片 3/0号针

16针

22

◁ = 加线
◀ = 断线

领口（边缘编织）
3/0号针

从后身片（5个花样）挑针
2（1行）
（2.5个花样）挑针
（2.5个花样）挑针
（5个花样）挑针
（5个花样）挑针
缝合纽扣的位置
4
= 4.5

※扣眼利用花样的孔眼制作。

花片的连接方法和边缘编织

4
★领口开口止点
1
☆领口开口止点
前身片中线
袖口
扣眼
5
8
=
①
①
6
7
①
下摆

G
page
16

圆领短袖套头衫

● 材料和工具

线……和麻纳卡 Flax K
原色（11）215克/9团
Reverie 原色系金银线（1）40克/2团
棒针5号、4号

● 密度

（10cm×10cm）
下针编织：21.5 针，31 行
花样：21.5 针，32 行
条纹花样：22 针，27.5 行

● 成品尺寸

胸围92cm，肩背宽29cm，衣长51cm，袖长20cm

● 编织要点

（起针）另线锁针起针（参见61页），在下摆变换花样处开始编织。

（后身片、前身片）以下针和花样无加减针编织90行。袖窿和领窝都用伏针收针。边拆下摆的另线锁针边挑取针目到棒针上（参见61页），用指定的线织4行起伏针，伏针收针。肩是前、后身片正面相对重叠盖针钉缝（参见95页）。

（袖）从前、后身片挑针无加减针编织条纹花样。不剪断线继续编3行起伏针后，伏针收针。

（组合）挑针接缝肋和袖底，将有相同标识的部分对齐钉缝。领口是从前、后身片挑针环形编织起伏针，然后伏针收针。

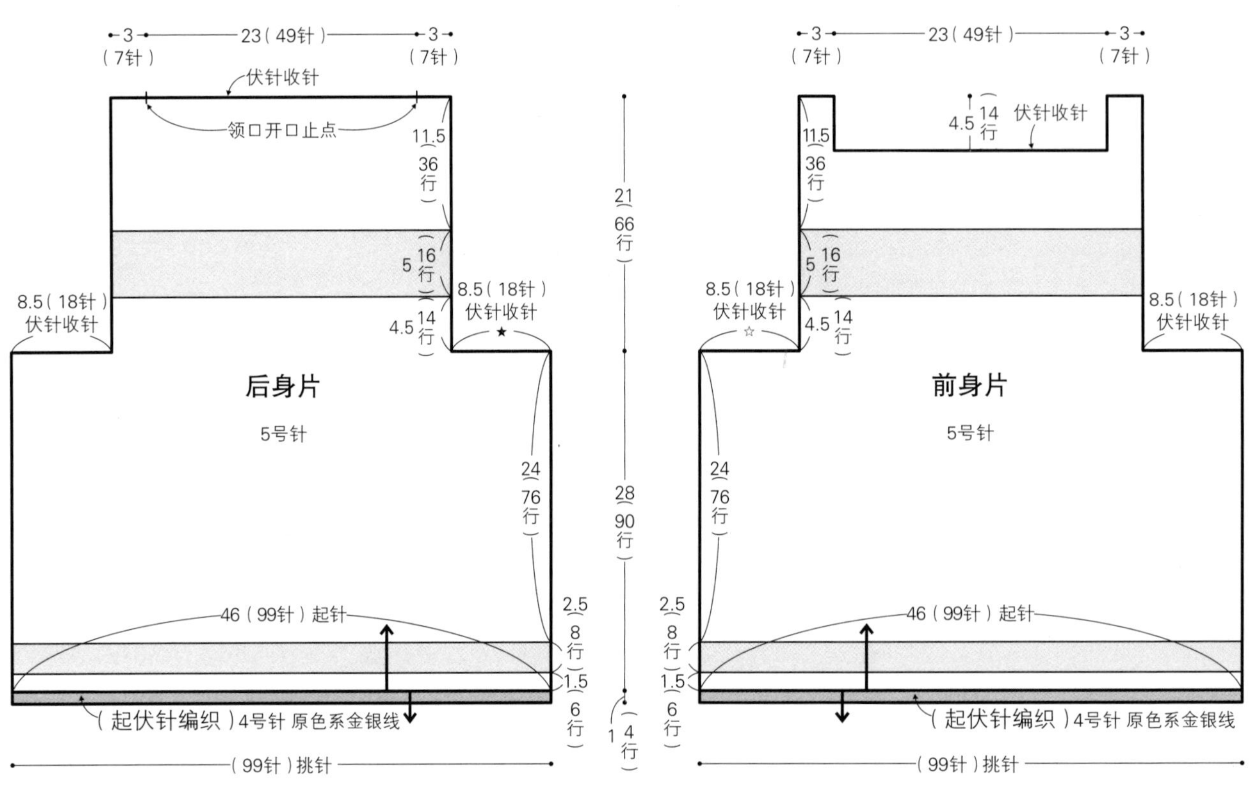
3（7针）
23（49针）
3（7针）
伏针收针
领口开口止点
11.5
36行
5
16行
4.5
14行
8.5（18针）伏针收针
后身片
5号针
24
76行
21
66行
28
90行
46（99针）起针
2.5
8行
1.5
6行
1
4行
（起伏针编织）4号针 原色系金银线
（99针）挑针
4.5
14行
伏针收针
前身片
5号针
（起伏针编织）4号针 原色系金银线

= 下针编织（原色）

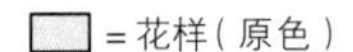
= 花样（原色）

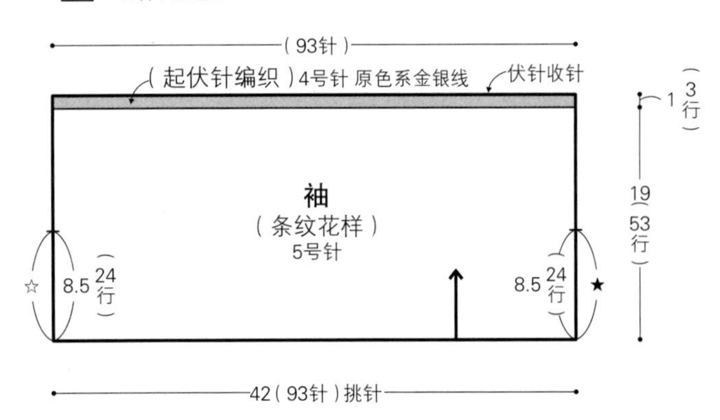
（93针）
（起伏针编织）4号针 原色系金银线
伏针收针
1
3行
袖
（条纹花样）
5号针
19
53行
8.5
24行
42（93针）挑针

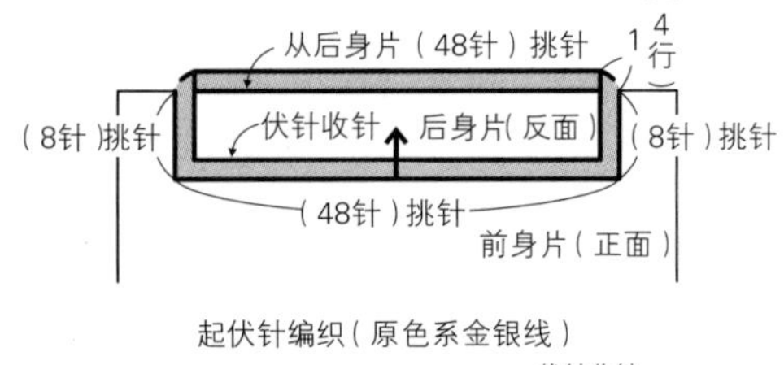
领口（起伏针编织）4号针 原色系金银线
从后身片（48针）挑针
1
4行
（8针）挑针
伏针收针
后身片（反面）
（8针）挑针
（48针）挑针
前身片（正面）

起伏针编织（原色系金银线）

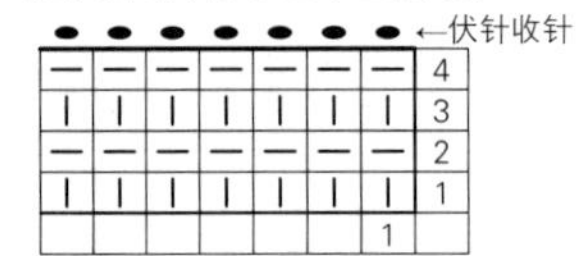
伏针收针
4
3
2
1
1

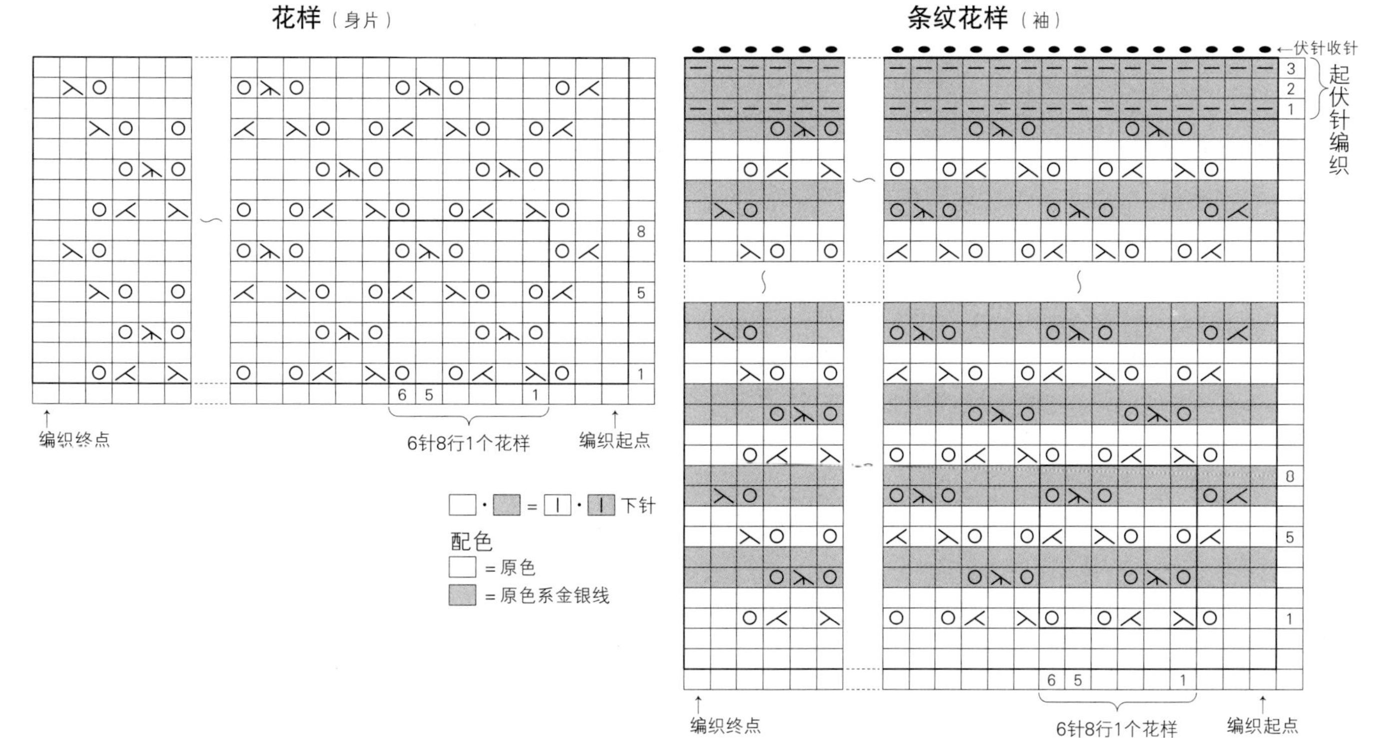

花样（身片）
条纹花样（袖）
伏针收针
起伏针编织
8
5
1
3
2
6 5 1
编织终点
6针8行1个花样
编织起点
= 下针
配色
=原色
=原色系金银线

另线锁针起针

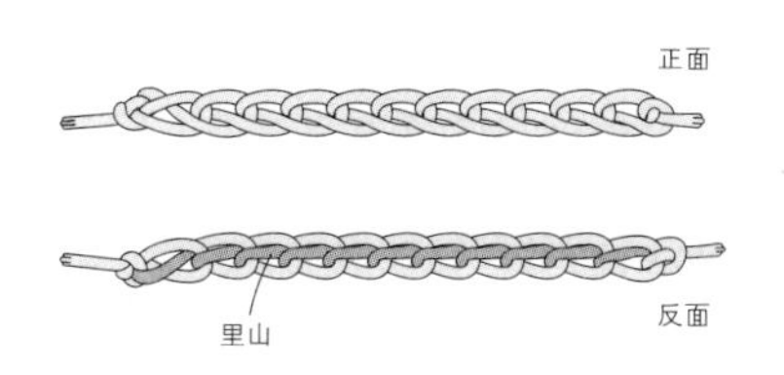

正面
里山
反面

1 用其他线钩织比必要数目多的锁针。

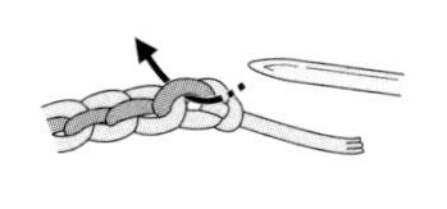

2 将棒针按照箭头方向在锁针的里山入针。

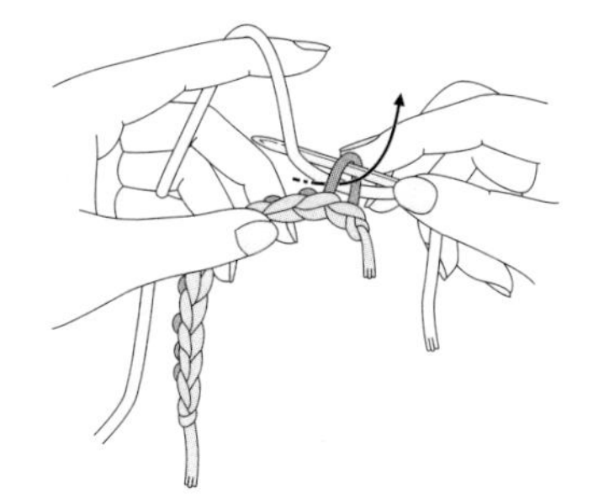

3 在棒针上绕上织片用的线拉出。

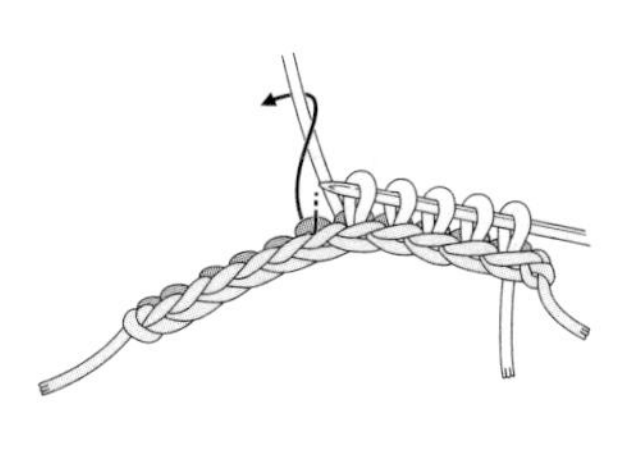

4 继续在相邻的里山中入针，挑针织出必要数目的针目。

另线锁针起针的挑针

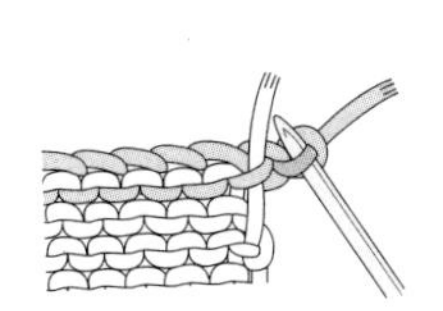

1 织片的反面向上，将棒针插入锁针的里山中，拉出线头。

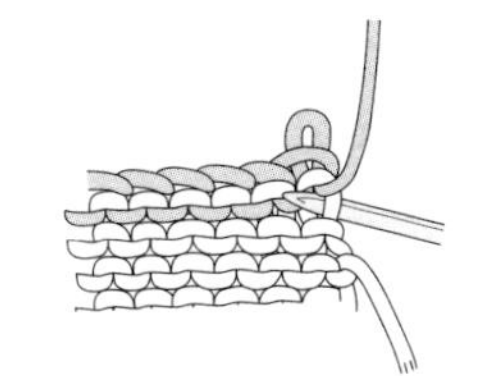

2 将棒针插入边上对着的针目中，拆掉另线锁针。

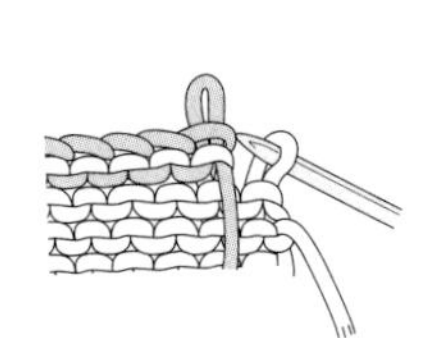

3 第1针拆掉后的效果。

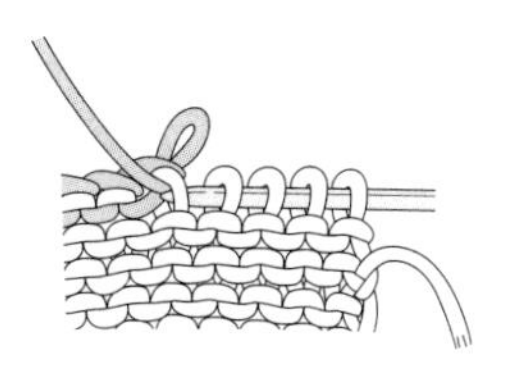

4 边拆掉另线锁针，边挑取针目到棒针上。

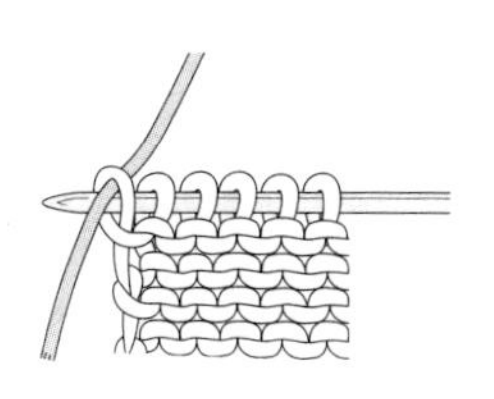

5 最后1针直接挑针扭转，将另线抽掉。

H
page
18

双色条纹卷边套头衫

材料和工具

线……和麻纳卡 Flax S
灰色（24）120克/5团
肉色（21）100克/4团
棒针6号

密度

（10cm×10cm）
下针条纹编织：20针，29行

成品尺寸

胸围96cm，衣长52cm，连肩袖长28.5cm

编织要点

（起针）手指绕线起针从下摆开始编织。

（后身片、前身片）按照指定的配色无加减针编织84行下针条纹后，换上灰色的线卷加针（参见94页）12针。袖口和领窝用起伏针来编织。肩部的针目先停针，领窝的56针在里侧伏针收针。

（组合）将肩部正面相对重叠后盖针钉缝，胁部挑针接缝（参见95页），袖底挑针接缝。

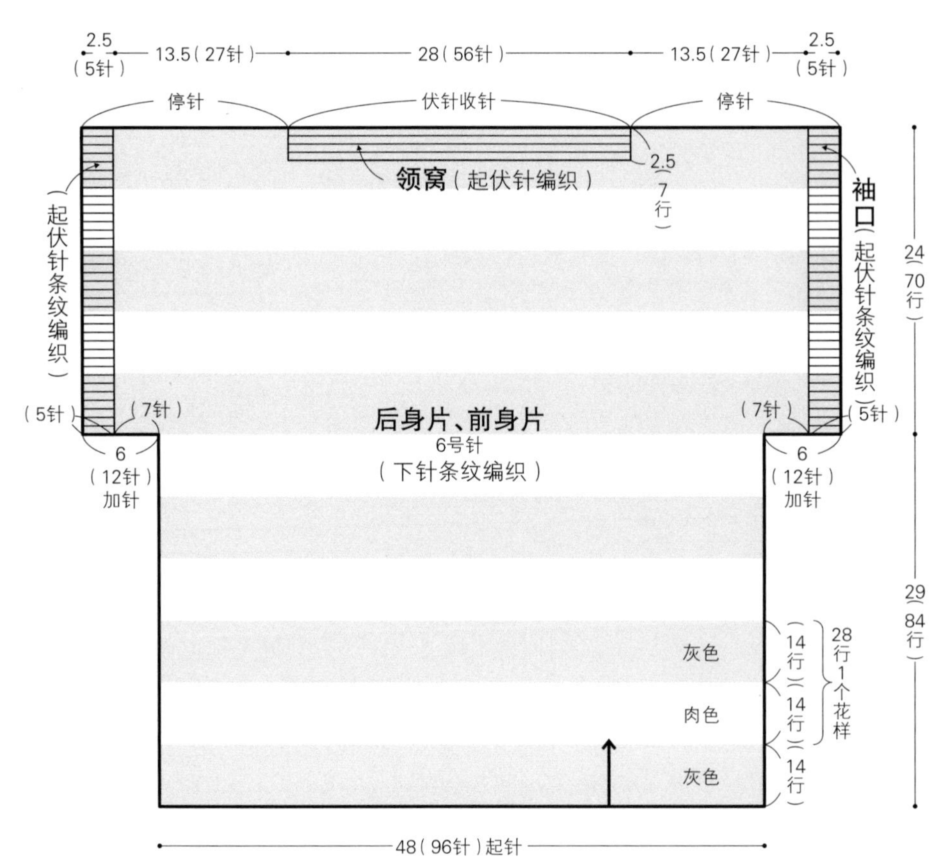
2.5（5针）
13.5（27针）
28（56针）
13.5（27针）
2.5（5针）
停针
伏针收针
停针
领窝（起伏针编织）
2.5
7行
起伏针条纹编织
袖口（起伏针条纹编织）
24
70行
（5针）
（7针）
（7针）
（5针）
后身片、前身片
6号针
（下针条纹编织）
6
（12针）
加针
6
（12针）
加针
29
84行
灰色
肉色
灰色
14行
14行
14行
28行1个花样
48（96针）起针

宽条纹配色 在编织10行左右的配色条纹时，在边缘不但要替换原线，也要剪掉配色线。

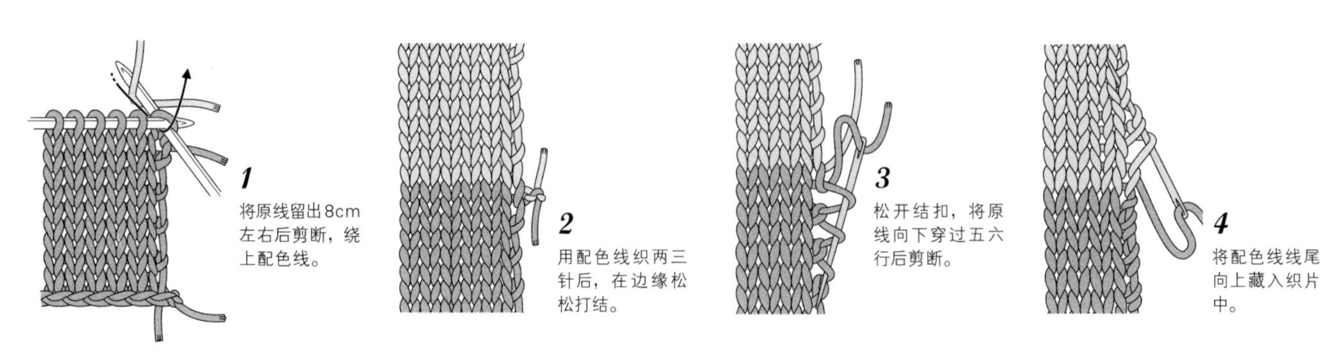
1
将原线留出8cm左右后剪断，绕上配色线。
2
用配色线织两三针后，在边缘松松打结。
3
松开结扣，将原线向下穿过五六行后剪断。
4
将配色线线尾向上藏入织片中。

后身片、前身片的编织方法图

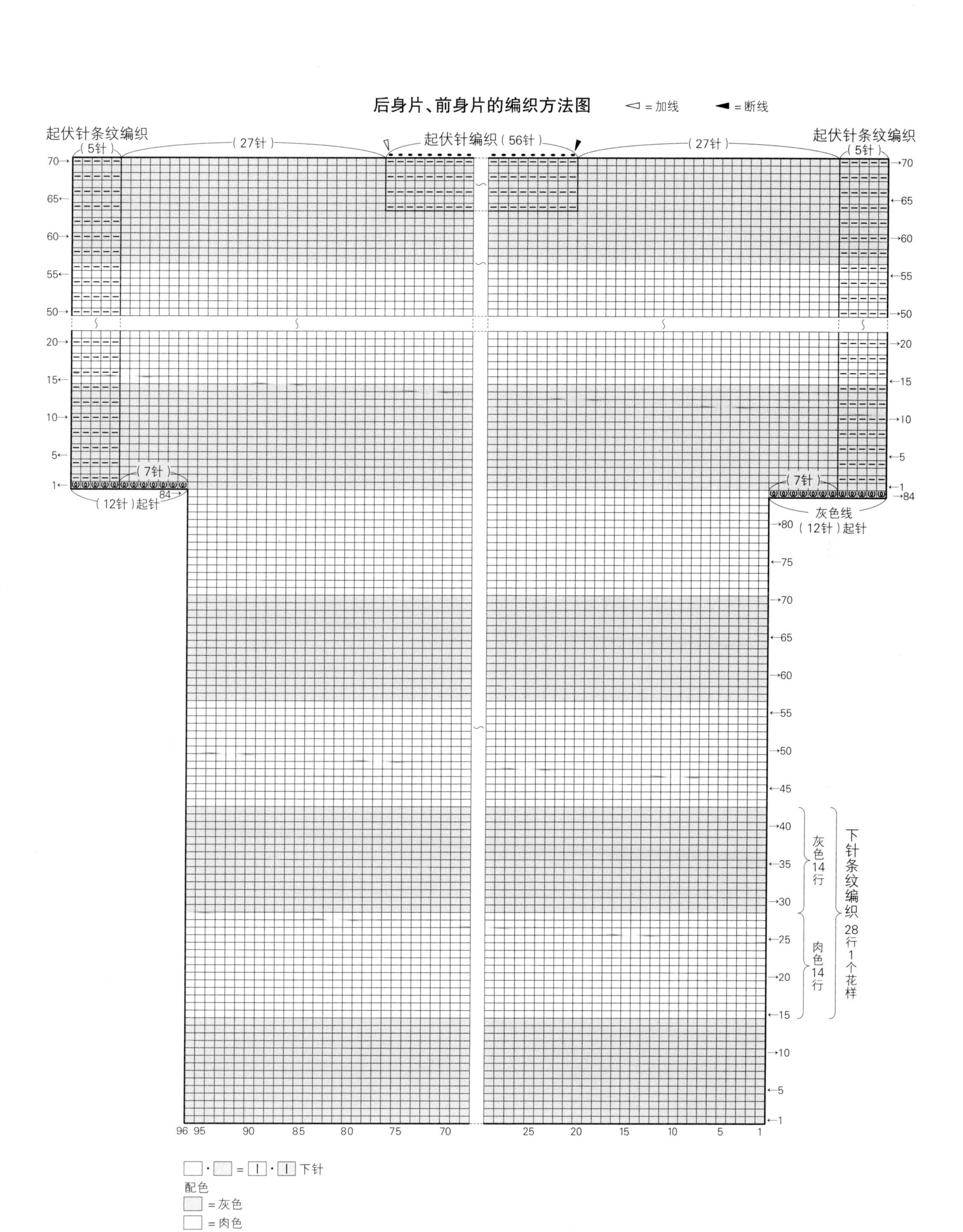
◁ = 加线
◀ = 断线
起伏针条纹编织
(5针)
(27针)
起伏针编织(56针)
(27针)
起伏针条纹编织
(5针)
(7针)
(12针)起针
(7针)
灰色线
(12针)起针
灰色14行
肉色14行
下针条纹编织28行1个花样
96 95 90 85 80 75 70 25 20 15 10 5 1
□·□ = |·| 下针
配色
□ = 灰色
□ = 肉色

I
page
20

系带式短外搭

材料和工具

线……和麻纳卡 Flax K

肉色（12）210克/9团

棒针6号，钩针5/0号

密度

（10cm×10cm）

花样：22 针，26.5 行

成品尺寸

胸围随意，衣长43cm，连肩袖长约27cm

编织要点

（起针）前、后身片都是手指绕线起针，从下摆开始编织。

（后身片、前身片）无加减针编织起伏针和花样来织出指定的行数。肩部是前、后身片正面相对重叠后引拔钉缝。

（边缘编织 A、B）从前、后身片挑针，袖口是边缘编织 A，衣领、前门襟用边缘编织 B 来钩织。

（组合）编绳（参见 68 页）成为带子，按图示穿过边缘编织 A 前后重叠的部分。环形起针钩织 2 片花片，缝合到带子上。

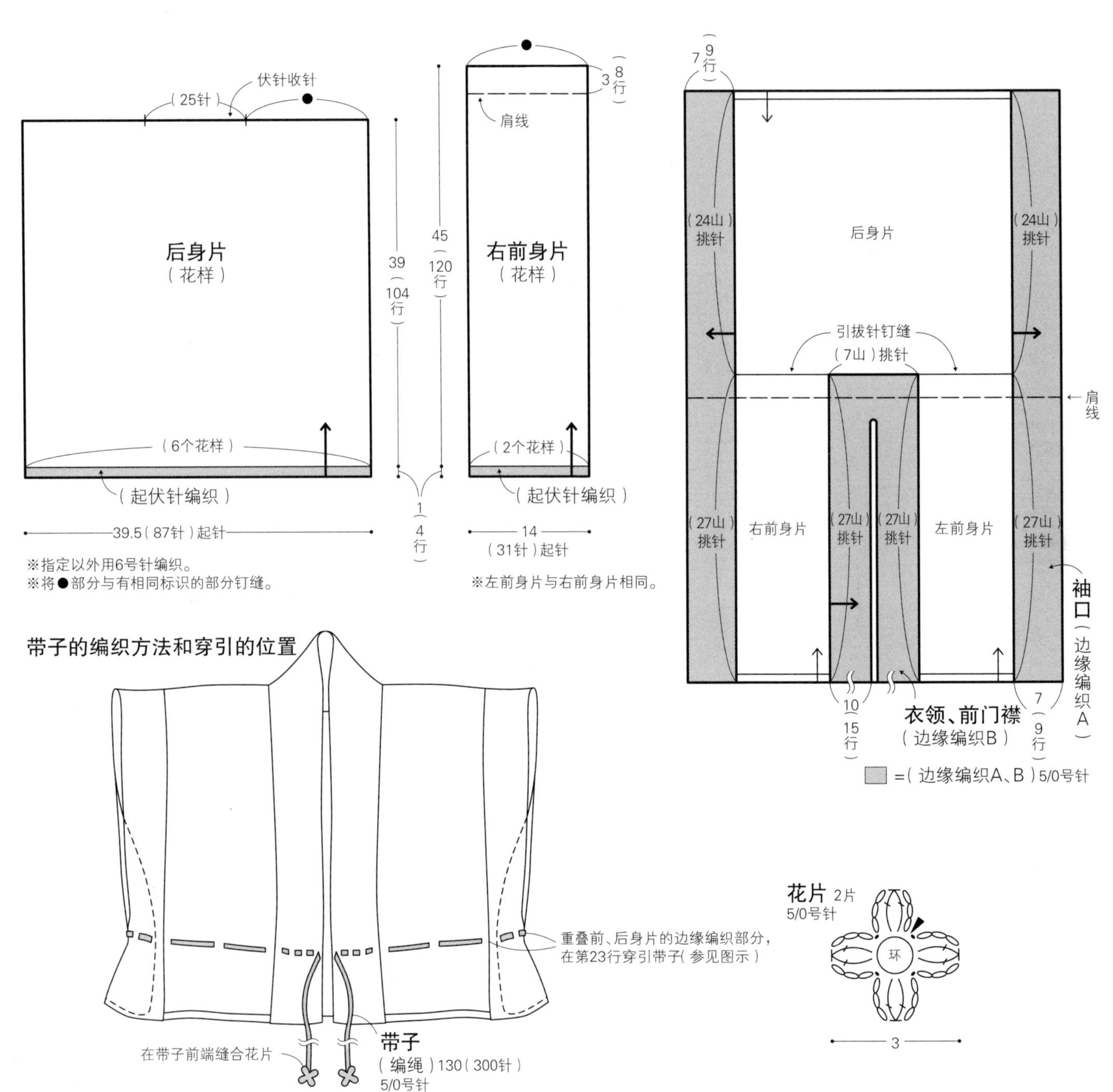
伏针收针
（25针）
后身片
（花样）
39
（104行）
45
（120行）
（6个花样）
（起伏针编织）
1
（4行）
39.5（87针）起针
※指定以外用6号针编织。
※将●部分与有相同标识的部分钉缝。
3
（8行）
肩线
右前身片
（花样）
（2个花样）
（起伏针编织）
14
（31针）起针
※左前身片与右前身片相同。
7
（9行）
（24山）挑针
后身片
引拔针钉缝
（7山）挑针
肩线
（27山）挑针
右前身片
左前身片
袖口（边缘编织A）
10
（15行）
衣领、前门襟
（边缘编织B）
=（边缘编织A、B）5/0号针
带子的编织方法和穿引的位置
重叠前、后身片的边缘编织部分，在第23行穿引带子（参见图示）
在带子前端缝合花片
带子
（编绳）130（300针）
5/0号针
花片 2片
5/0号针
环
3

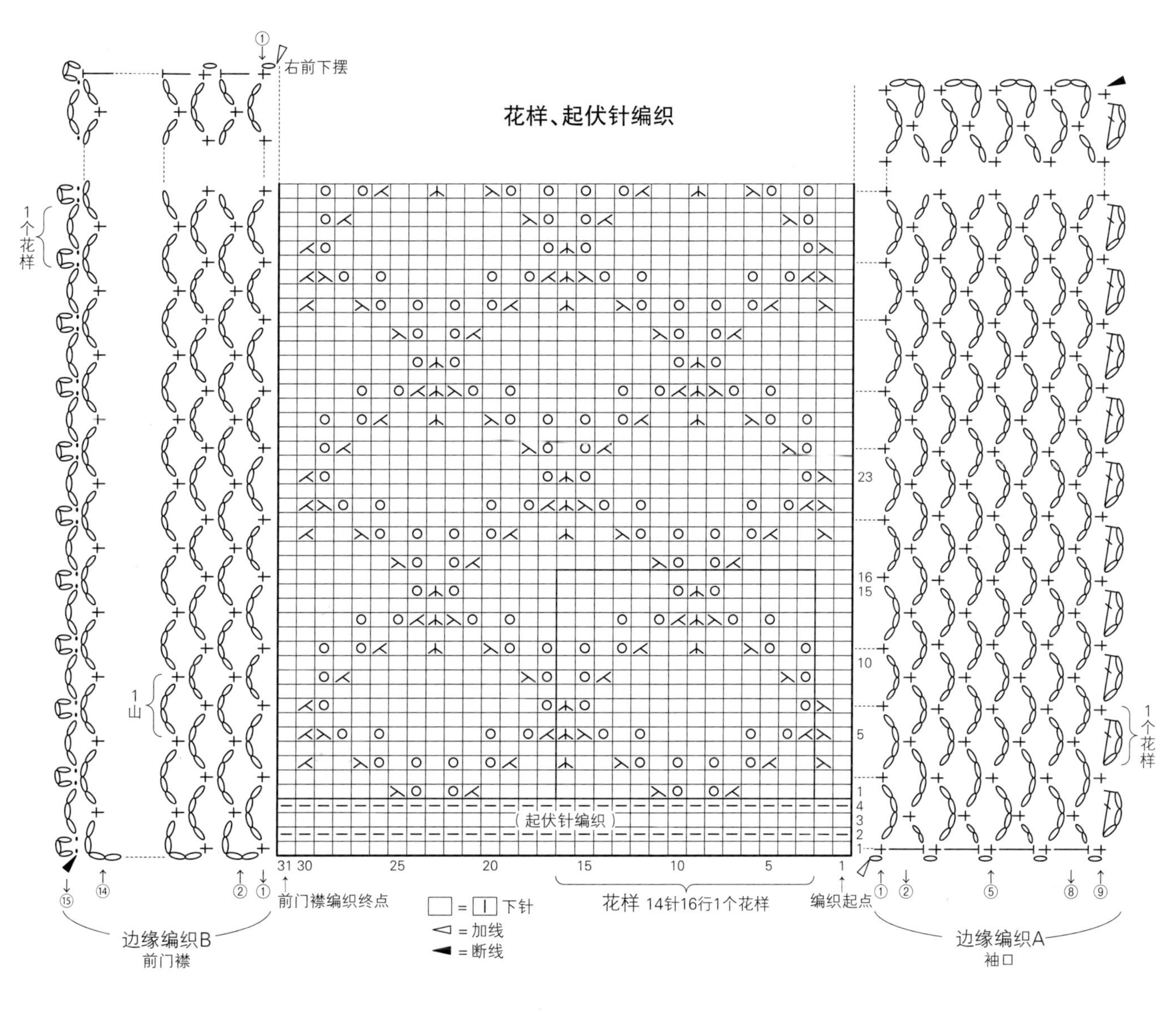

花样、起伏针编织
右前下摆
1个花样
1山
(起伏针编织)
31 30
25
20
15
10
5
1
23
16
15
10
5
1
4
3
2
1
前门襟编织终点
□ = | 下针
= 加线
= 断线
花样 14针16行1个花样
编织起点
边缘编织B
前门襟
边缘编织A
袖口
1个花样

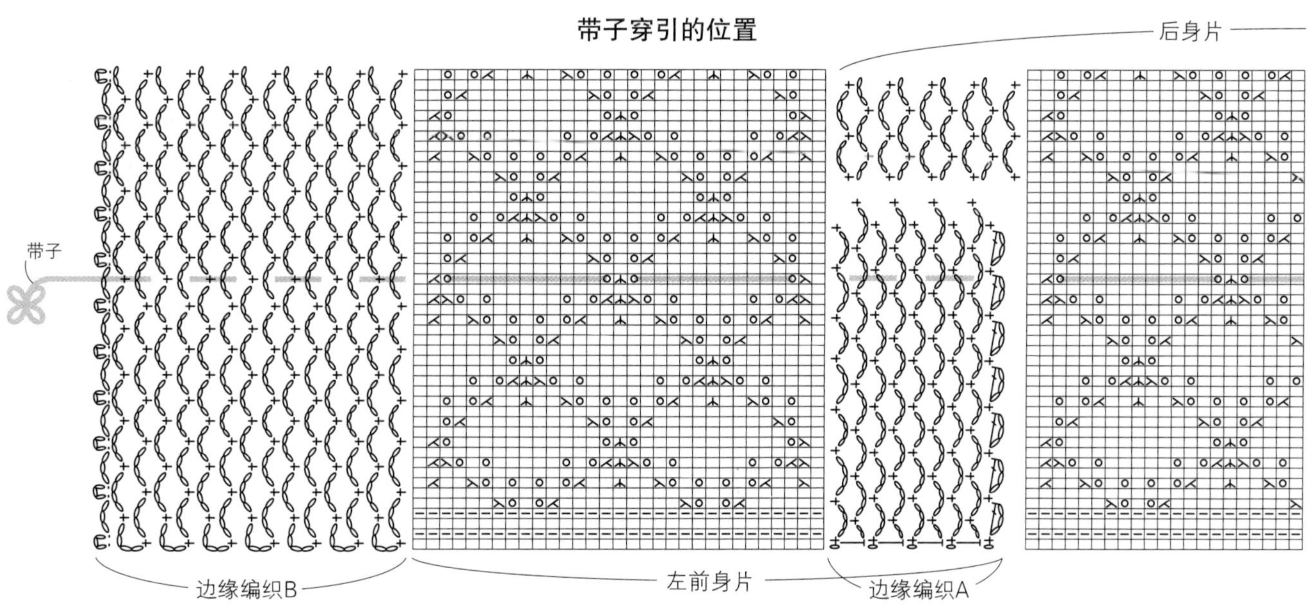

带子穿引的位置
后身片
带子
边缘编织B
左前身片
边缘编织A

※将前身片叠到上面后穿引带子。

J
page
22

蕾丝花片披肩

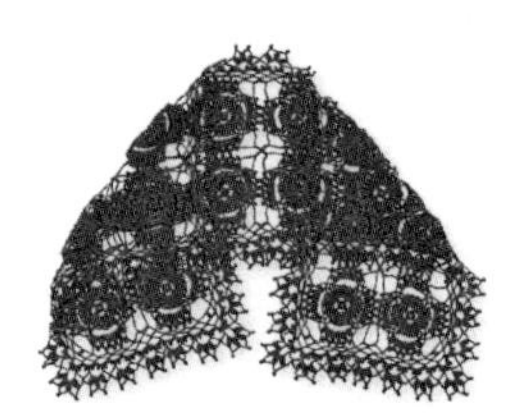

材料和工具

线……和麻纳卡 Email
褐色×黑色（12）150克/6团
钩针6/0号

花片尺寸

14cm×14cm

成品尺寸

宽40cm，衣长124cm

编织要点

（起针）花片环形起针开始钩织。

（花片连接）花片的第1圈为12针短针。第5、7圈的短针还有第6圈的3针长长针的枣形针都是挑取前1行的锁针钩织的。第2片按照指定位置引拔钩织（参见40、41页）。按序号顺序连接16片。

（边缘编织）从花片挑针编织，连接花片的时候或者从短针中间挑取，或者整段挑起锁针钩织。转角部分按照记号图标识来钩织。

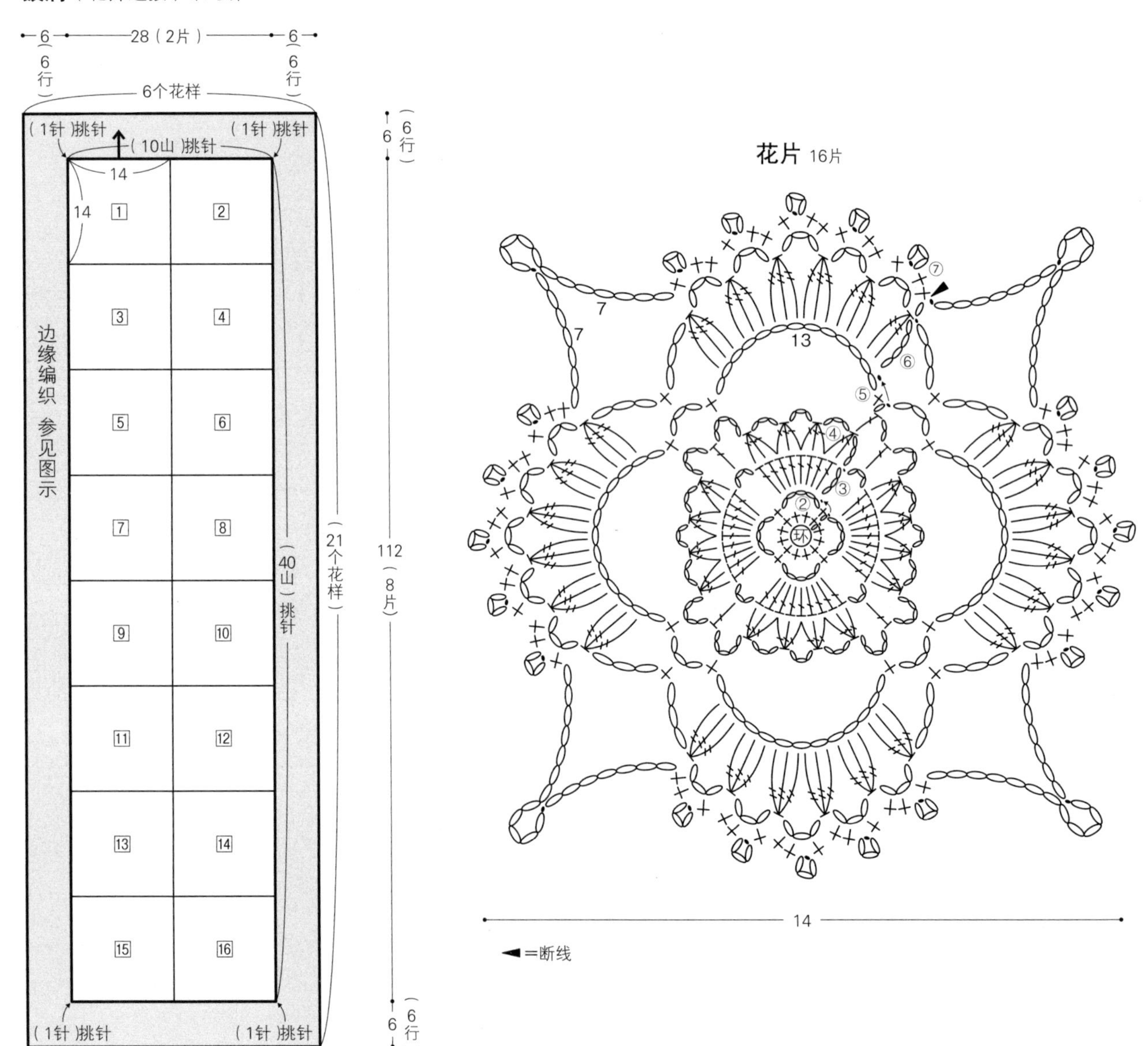
披肩（花片连接）6/0号针
6
28（2片）
6
6行
6个花样
（1针）挑针
（10山）挑针
14
14
1
2
3
4
5
6
7
8
9
10
11
12
13
14
15
16
边缘编织 参见图示
（40山）挑针
（21个花样）
112（8片）
6（6行）
花片 16片
7
13
⑦
⑥
⑤
④
③
②
环
14
◀=断线

花片的连接方法和边缘编织

◁ = 加线　　◀ = 断线

边缘编织
①
②
③
④
⑤
⑥
7
10
10
1
2
3
4

K
page
23

方眼蕾丝衫

材料和工具

线……和麻纳卡 Flax S
米黄色（22）160克/7团
钩针5/0号
纽扣……直径1.8cm（深棕色）3颗

密度

（10cm×10cm）
花样（长针）：8 格，10.5 行（领口一侧）

成品尺寸

衣长40cm

编织要点

（起针）从右前身片锁针起针开始钩织。

（花样）第 1 行挑取锁针半针和里山开始钩织。按照记号图重复 4 行 1 个花样至第 85 行。

（边缘编织）花样上挑针从反面开始钩织。整段挑取锁针钩织短针。另一侧从起针部分挑针钩织。

（组合）编绳成为带子，穿过指定位置，带子前端打结。在左前门襟的指定位置缝合 3 颗纽扣。扣眼利用花样的孔眼制作。

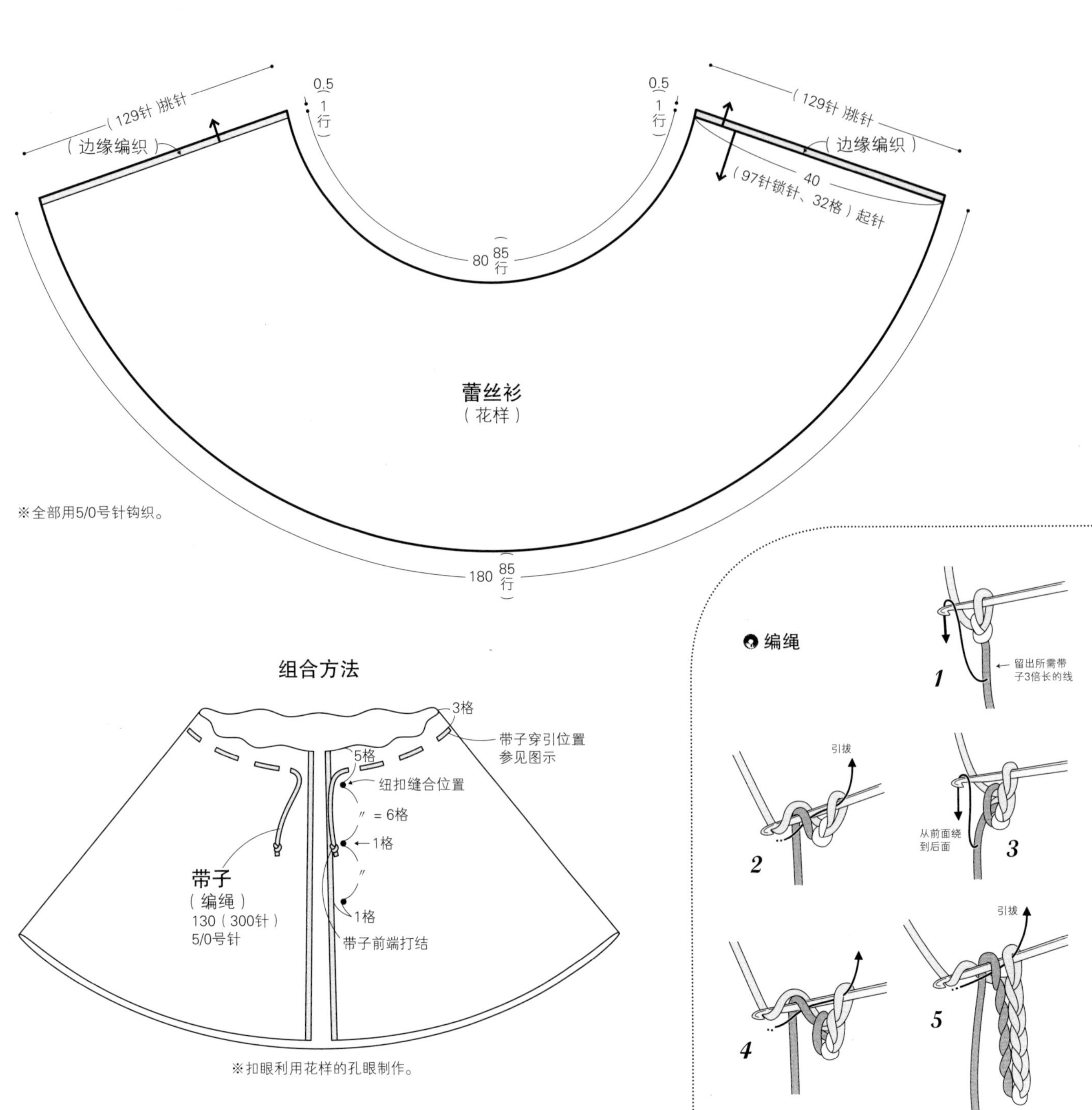
（129针）挑针
（边缘编织）
0.5
1行
0.5
1行
（129针）挑针
（边缘编织）
40
（97针锁针、32格）起针
80（85行）
蕾丝衫
（花样）
※全部用5/0号针钩织。
180（85行）
组合方法
3格
带子穿引位置
参见图示
5格
纽扣缝合位置
〃 = 6格
1格
〃
1格
带子前端打结
带子
（编绳）
130（300针）
5/0号针
※扣眼利用花样的孔眼制作。
编绳
1
留出所需带子3倍长的线
2
引拔
3
从前面绕到后面
4
5
引拔

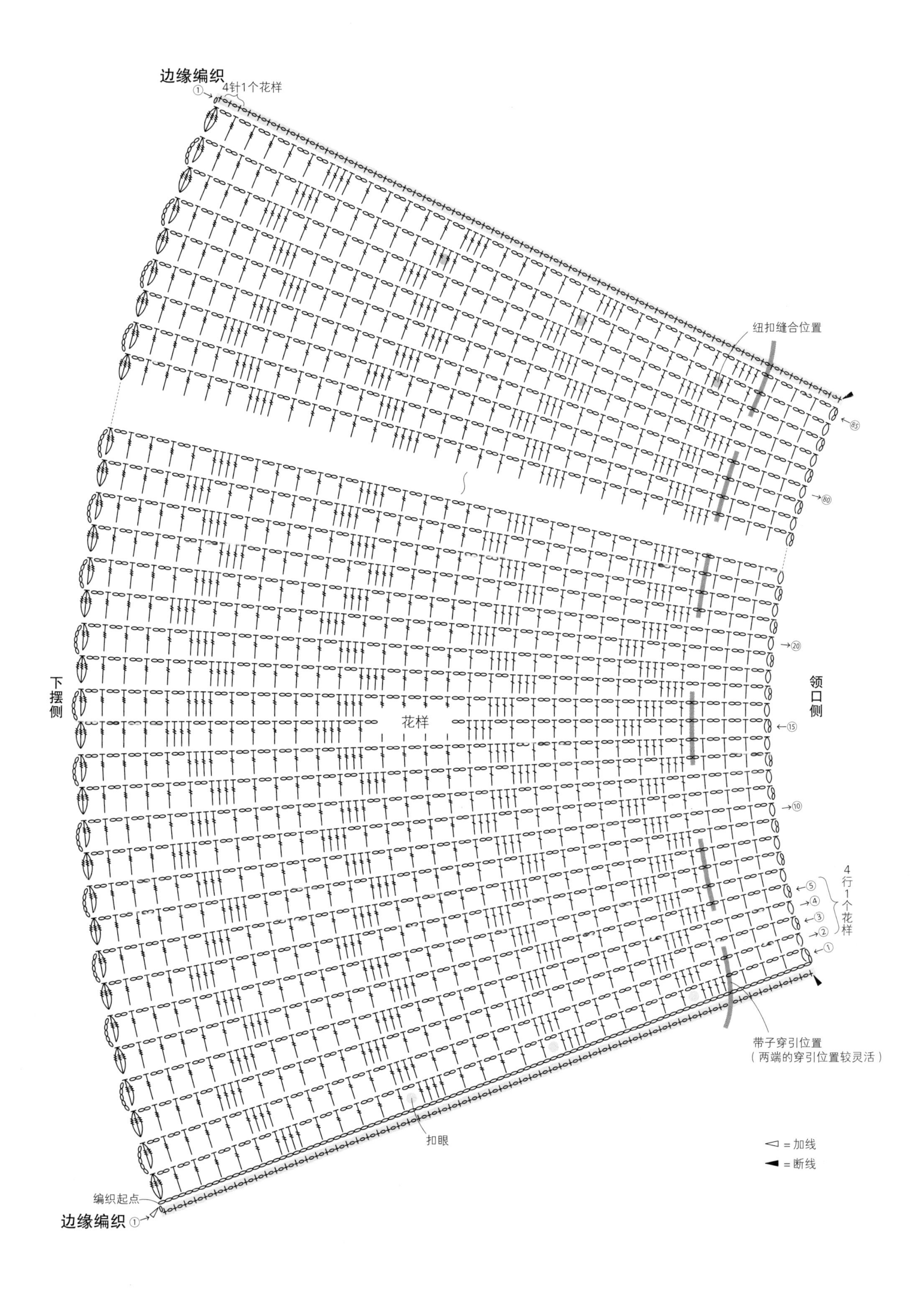
边缘编织
①
4针1个花样
纽扣缝合位置
85
80
20
15
10
⑤
④
③
②
①
4行1个花样
下摆侧
领口侧
花样
带子穿引位置
（两端的穿引位置较灵活）
扣眼
◁ = 加线
◀ = 断线
编织起点
边缘编织 ①

L
page
24

荷叶边小开衫

●材料和工具

线……和麻纳卡 Flax K
红色（203）230克/10团
棒针5号

●密度

（10cm×10cm）
花样 A、B：20 针，27 行

●成品尺寸

衣长52.5cm，连肩袖长22cm

●编织要点

（起针）手指绕线起针开始编织。

（右前身片、右后身片）按照记号图无加减针编织起伏针和花样A、B，袖口织入另线。（另线在后面会被拆掉，所以用不会掉毛的线，参见72页。）接着编织到42行，编织终点处暂停编织。

（左前身片、左后身片）和右前身片、右后身片的编织方法一样。袖口的地方在和右边对称的位置织入另线。编织终点处比右后身片多编织 3 行（参见记号图）。左右两边都编织完成后将编织终点处正面相对重叠，盖针钉缝。

（袖）边拆袖口地方的另线，边从上下各挑取 39 针，在边端织 2 针并作 1 针（洞不会敞开），环形编织 76 针，最后伏针收针。

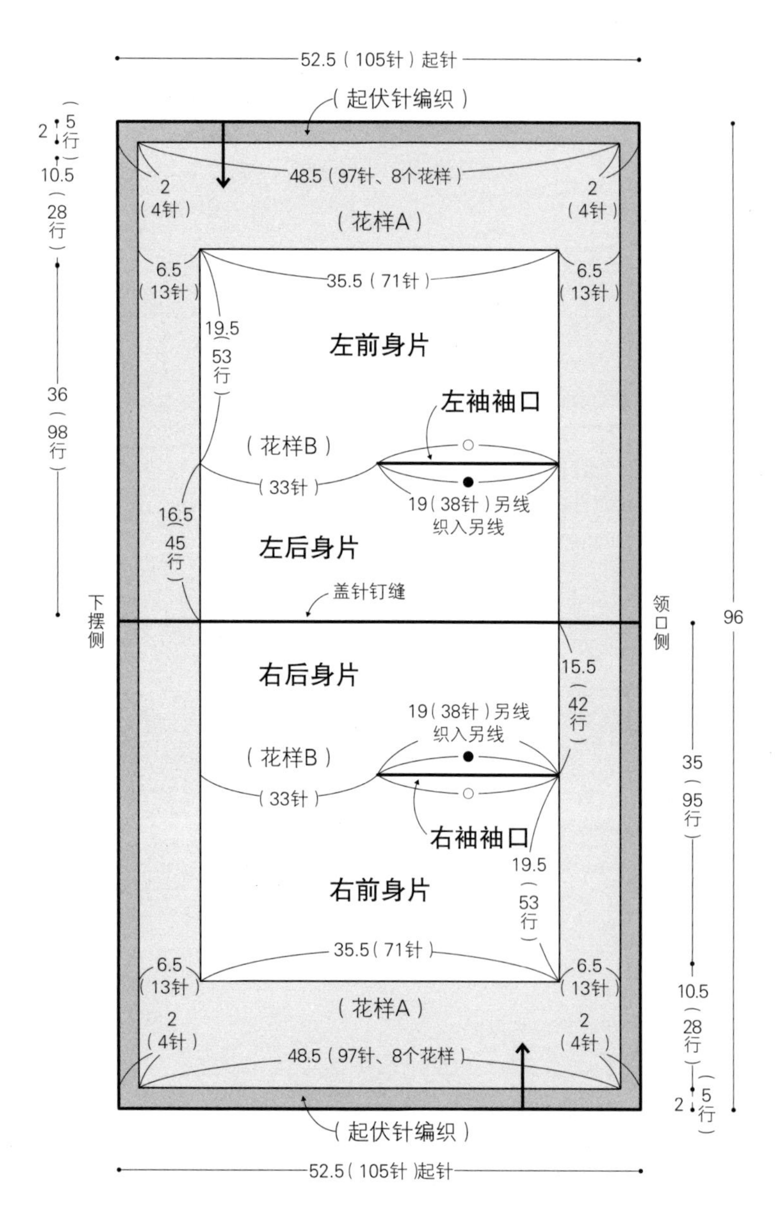
52.5（105针）起针
（起伏针编织）
2（5行）
10.5（28行）
48.5（97针、8个花样）
2（4针）
（花样A）
6.5（13针）
35.5（71针）
19.5（53行）
左前身片
左袖袖口
36（98行）
（花样B）
（33针）
19（38针）另线
织入另线
16.5（45行）
左后身片
盖针钉缝
下摆侧
领口侧
96
右后身片
15.5（42行）
35（95行）
右袖袖口
右前身片
52.5（105针）起针

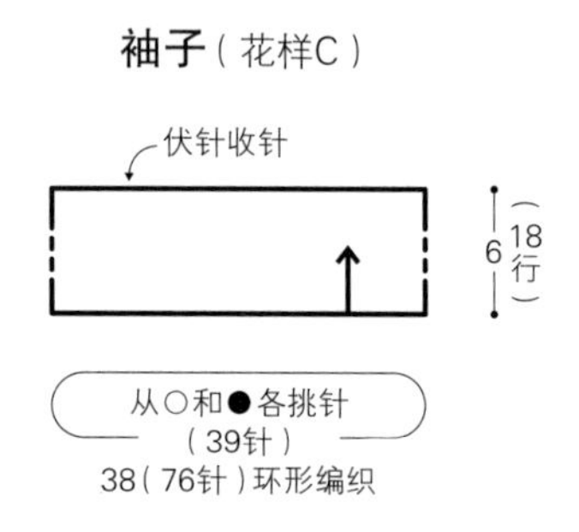
袖子（花样C）
伏针收针
6（18行）
从○和●各挑针
（39针）
38（76针）环形编织

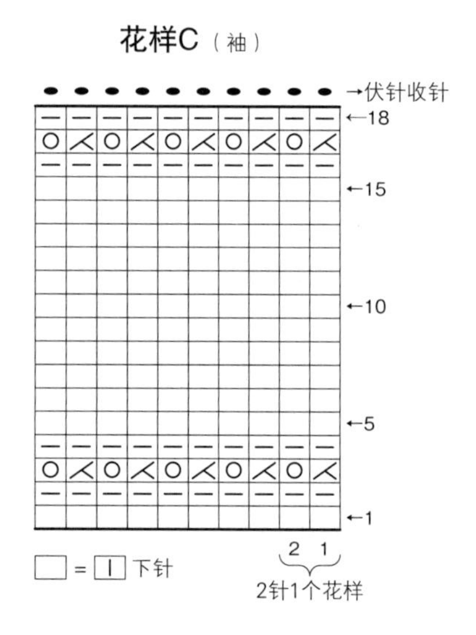
花样C（袖）
伏针收针
18
15
10
5
1
□ = ｜ 下针
2针1个花样

※全部以5号针编织。

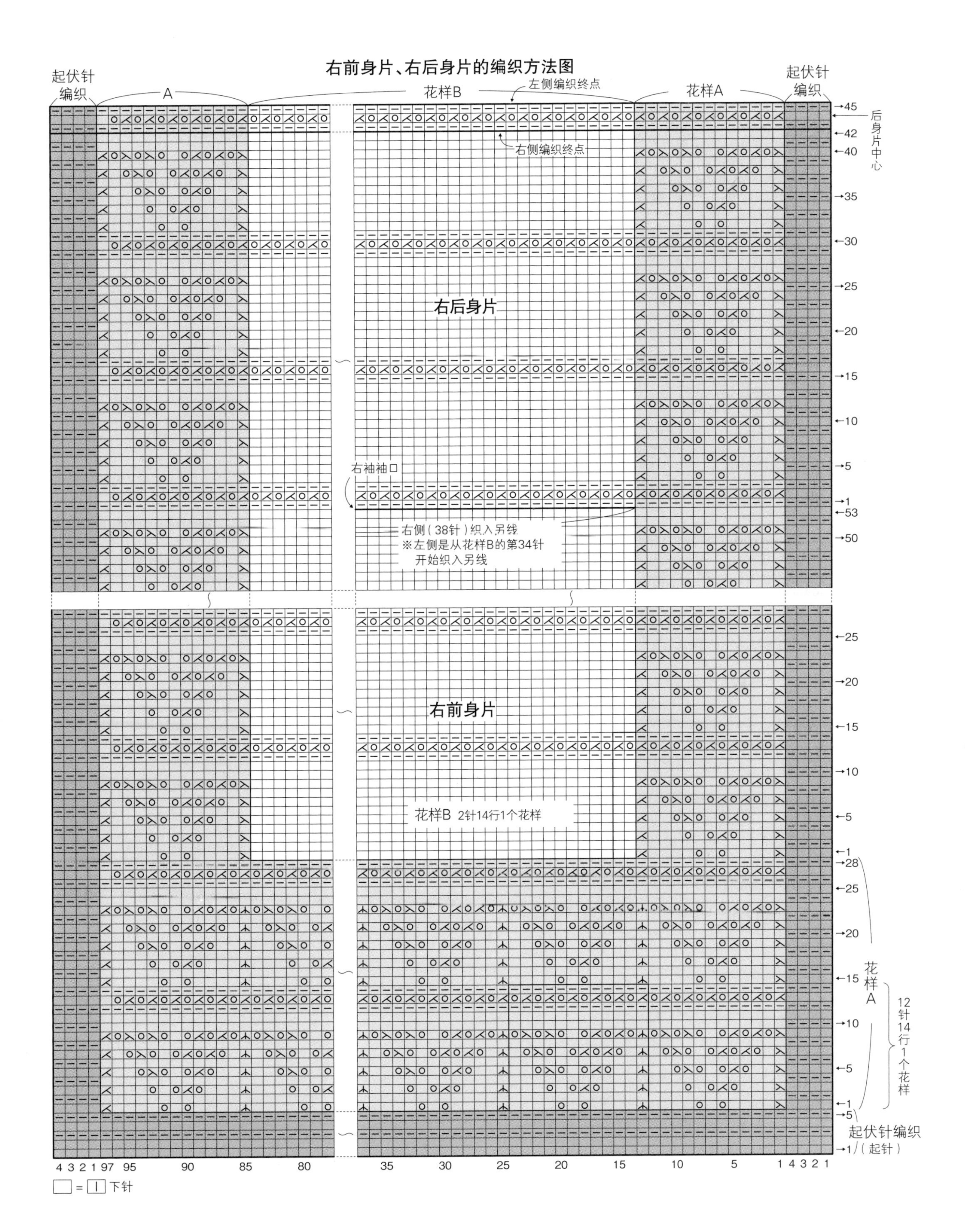
右前身片、右后身片的编织方法图
起伏针编织
A
花样B
左侧编织终点
花样A
起伏针编织
后身片中心
右侧编织终点
右后身片
右袖袖口
右侧（38针）织入另线
※左侧是从花样B的第34针开始织入另线
右前身片
花样B 2针14行1个花样
花样A 12针14行1个花样
起伏针编织
（起针）
4 3 2 1 97 95 90 85 80 35 30 25 20 15 10 5 1 4 3 2 1
□ = | 下针

织入另线

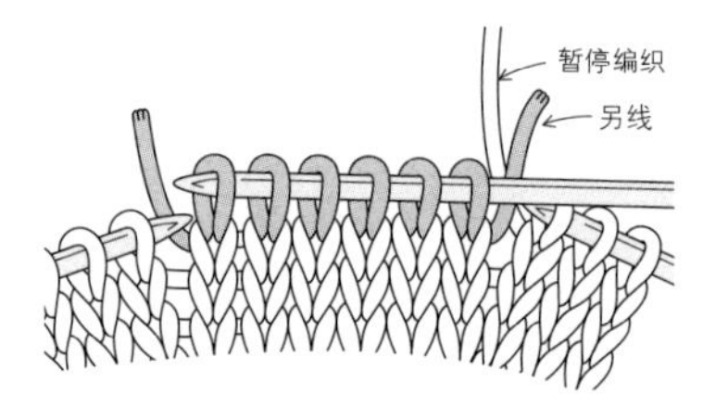

暂停编织
另线

1 原线暂停编织，绕上另线继续编织（数目和作品的需要相符）。

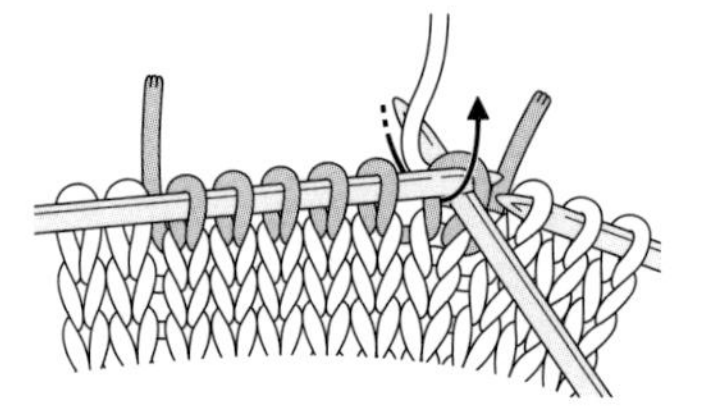

2 将另线编织的部分移到另外的棒针上，用原线继续编织。

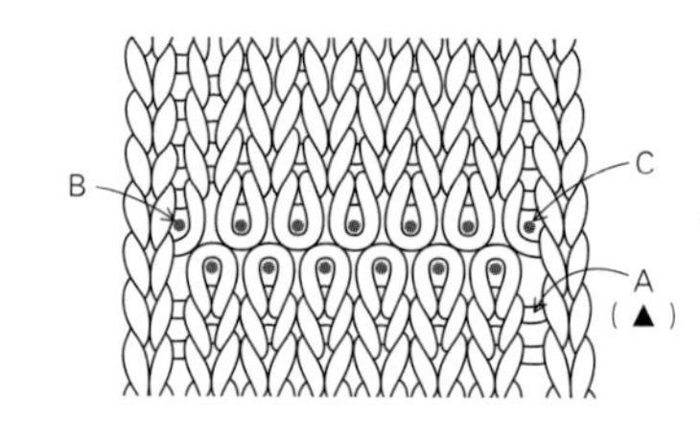

B
C
A
(▲)

3 拆掉另线，从上、下针目中挑针。从A(▲)渡线，编织扭加针（参见下图）。

反短针

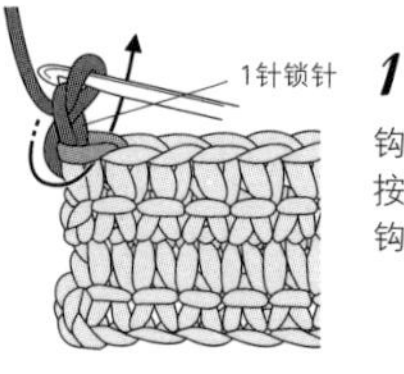

1针锁针

1 钩好1针锁针后，按箭头方向翻转钩针从前面入针。

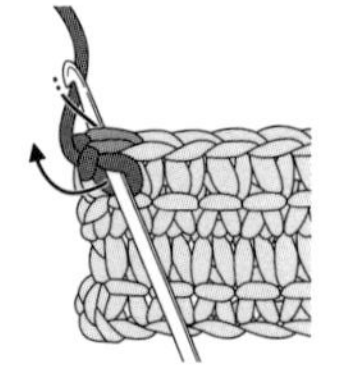

2 针上绕线，将线从前面拉出来。

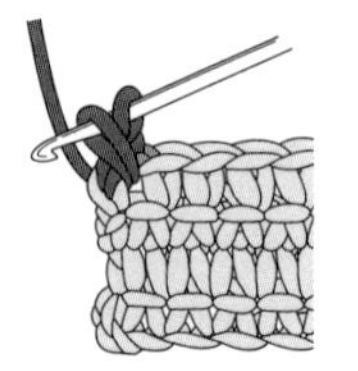

3 线被从前面拉出来的状态。

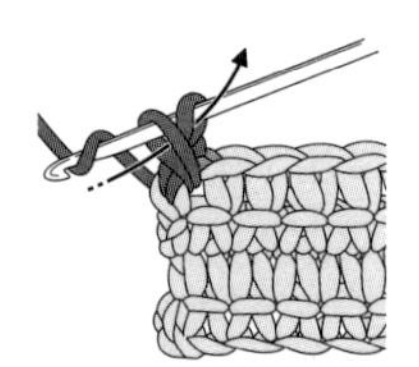

4 在钩针上绕线，按照箭头方向一次性引拔穿过2个线圈，完成1针短针。

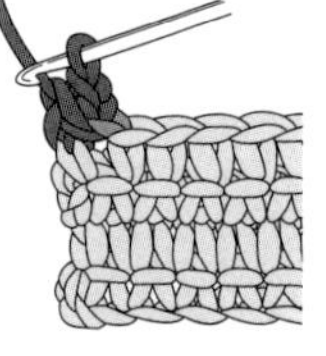

5 反短针的第1针便完成了。

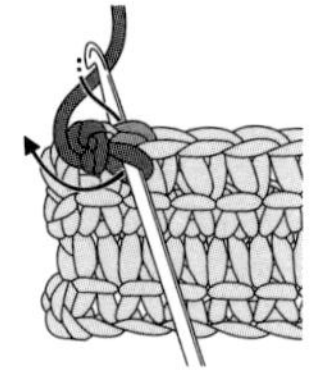

6 接着同样地，按照箭头指示方向从前面入针钩织。

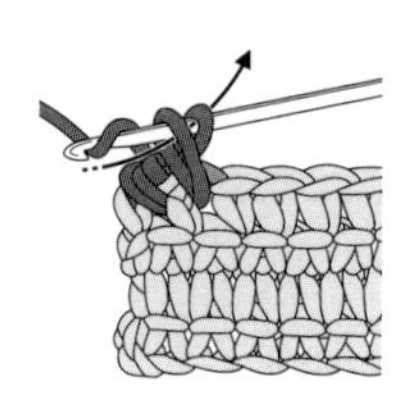

7 在钩针上绕线引拔穿过2个线圈。

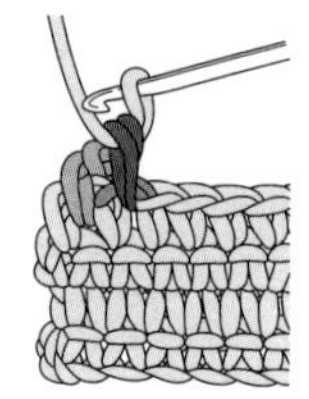

8 第2针就完成了。重复步骤6、7，从左向右不断钩织。

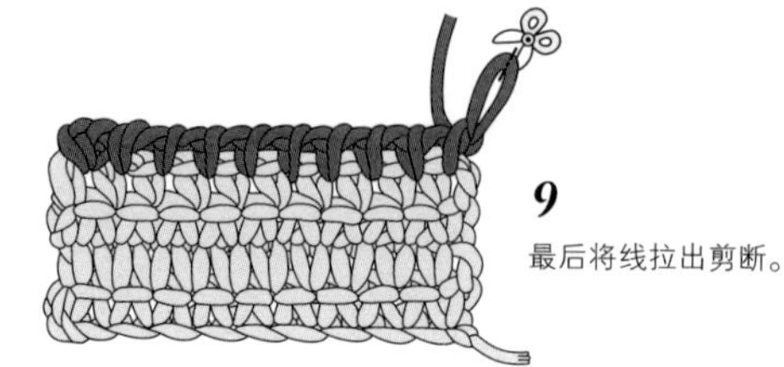

9 最后将线拉出剪断。

扭加针

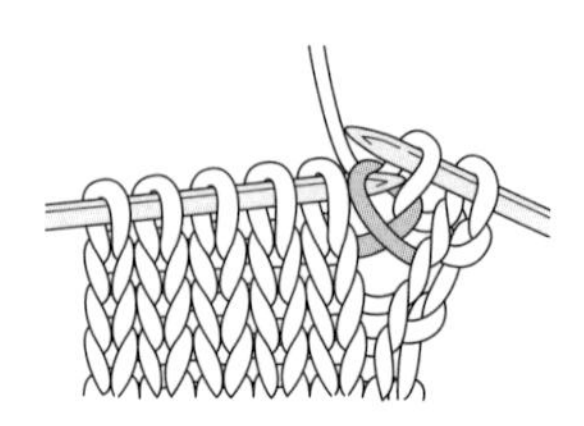

在拉出来的线圈上编织扭加针。

滑针（1行的情况）

⇐• ⇒×

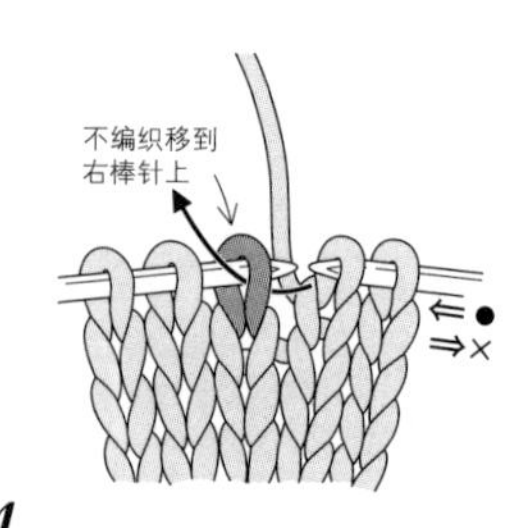

不编织移到
右棒针上
⇐●
⇒×

1 线放在对面一侧，右棒针按照箭头方向插入，不编织直接移动针目。

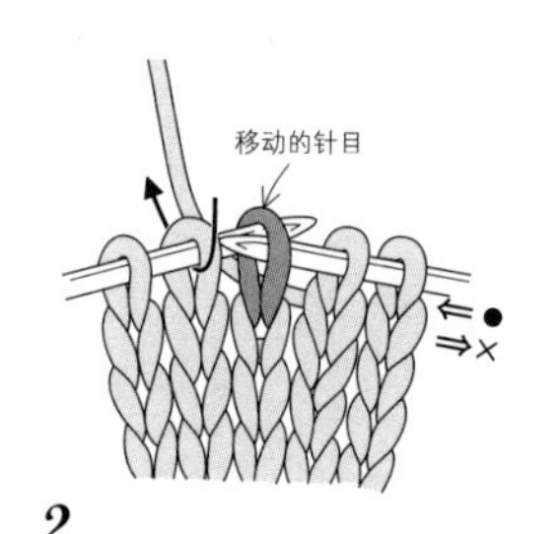

移动的针目
⇐●
⇒×

2 移到右棒针上后，下1针按照箭头指示插入右棒针。

M （上接73页）

组合方法

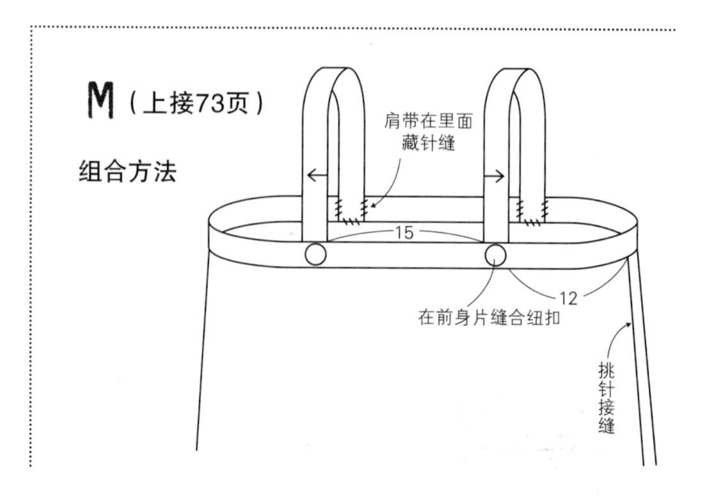

肩带在里面
藏针缝
15
12
在前身片缝合纽扣
挑针接缝

M
page
25

条纹长款背心

材料和工具

线……和麻纳卡 Flax K
藏青色（17）120克/5团
原色（11）100克/4团
红色（203）10克/1团
棒针7号、6号、5号
钩针6/0号、4/0号
纽扣……直径2.5cm（红色）2颗

密度

（10cm×10cm）下针条纹编织
A（7 号针）：18 针，20 行
B（6 号针）：19 针，21.5 行
C（5 号针）：21 针，21.5 行

成品尺寸

胸围88cm，肋长50cm

编织要点

（起针）手指绕线起针在下摆变换花样的位置开始编织。

（后身片、前身片）用指定号数的棒针无加减针编织下针条纹 A、B、C 到 98 行。不剪断线直接牵引到边缘。编织终点伏针收针。编织两片后，挑针接缝（使用原色线）两肋处。

（饰带、下摆）从前、后身片挑针，用指定号数的钩针环形钩织条纹花样各 7 行。

（肩带）锁针起针，钩织条纹花样'，制作 2 根。

（组合）肩带以藏针缝缝在饰带里面，前面缝合 2 颗纽扣。

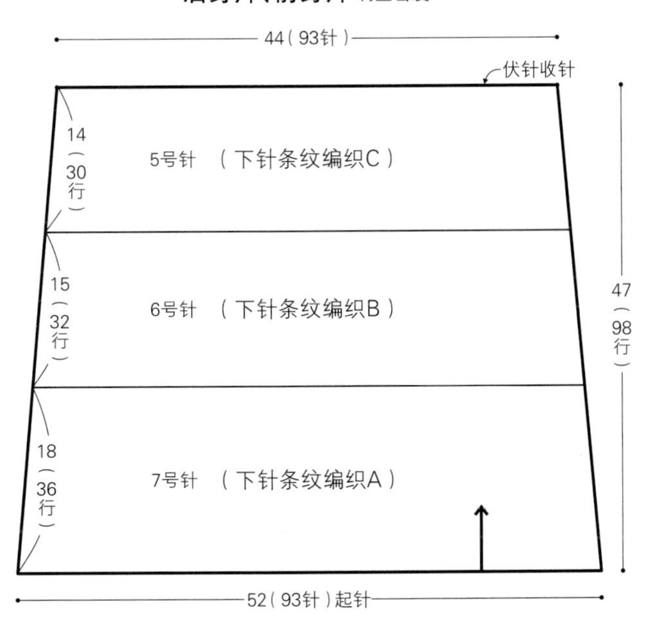
后身片、前身片 调整密度
44（93针）
伏针收针
14（30行）
5号针 （下针条纹编织C）
15（32行）
6号针 （下针条纹编织B）
18（36行）
7号针 （下针条纹编织A）
47（98行）
52（93针）起针

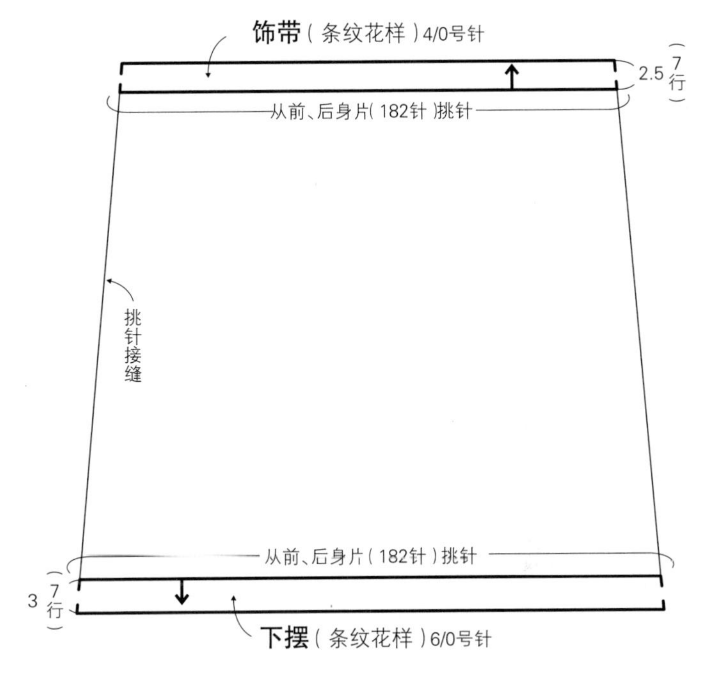
饰带（条纹花样）4/0号针
2.5（7行）
从前、后身片（182针）挑针
挑针接缝
从前、后身片（182针）挑针
3（7行）
下摆（条纹花样）6/0号针

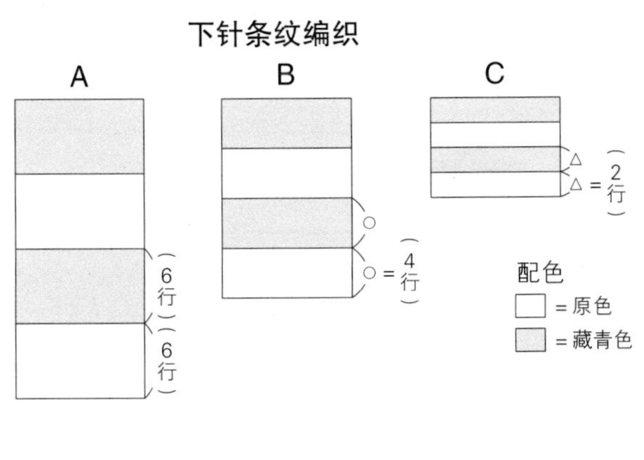
下针条纹编织
A
B
C
△=2行
○=4行
6行
6行
配色
=原色
=藏青色

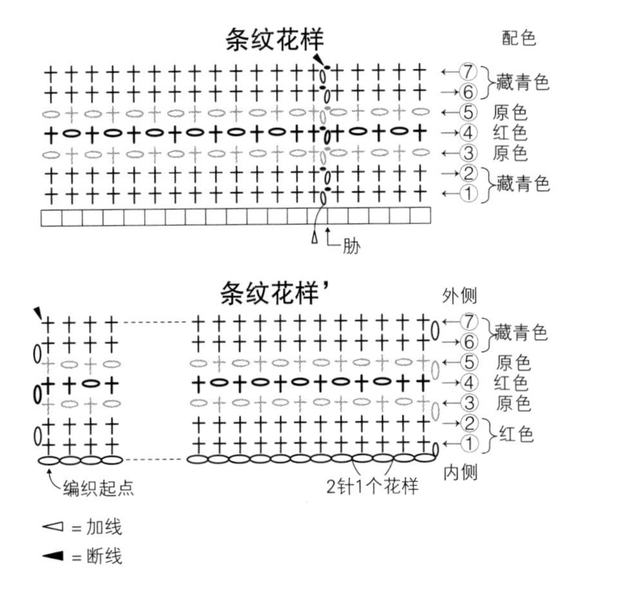
条纹花样
配色
7 6 藏青色
5 原色
4 红色
3 原色
2 1 藏青色
肋
条纹花样'
外侧
7 6 藏青色
5 原色
4 红色
3 原色
2 1 红色
内侧
编织起点
2针1个花样
= 加线
= 断线

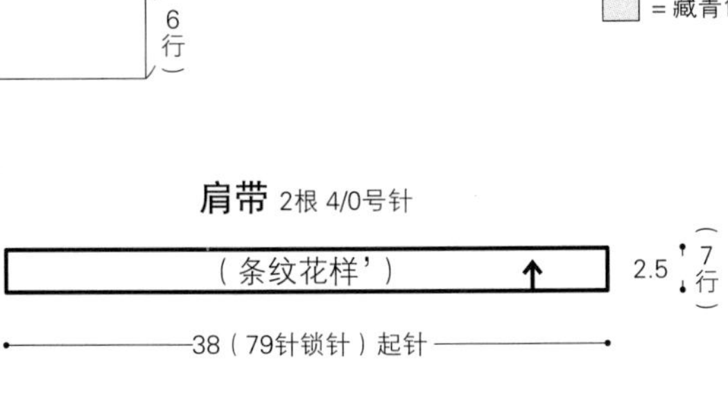
肩带 2根 4/0号针
（条纹花样'）
2.5（7行）
38（79针锁针）起针

N
page
26

花片下摆套头衫

◎材料和工具

线……和麻纳卡 Wash Cotton
白色（1）300克/8团
浅灰色（20）50克/2团
棒针7号，钩针6/0号

◎密度

（10cm×10cm）
花样：19针，27行

◎花片尺寸

20cm×11cm

◎成品尺寸

胸围100cm，肩背宽50cm，衣长约72cm

◎编织要点

（起针）手指绕线起针在下摆变换花样处开始编织。

（后身片、前身片）无加减针编织90行花样。袖口和领窝用起伏针编织，边端都用滑针编织（防止变松）。前、后领窝的编织终点从里面伏针收针。肩部正面相对重叠后引拔钉缝，肋部挑针接缝。

（下摆饰裥）花片环形起针开始钩织。用指定的配色，第2片的最终行与第1片相连接（参见40页）。接着用指定的配色线钩织2圈边缘编织A。按照序号顺序编织10片，在最终行的指定位置引拔钩织。

（组合）在前、后身片的下摆处缝合，在下摆饰裥的指定位置引拔钩织1周。

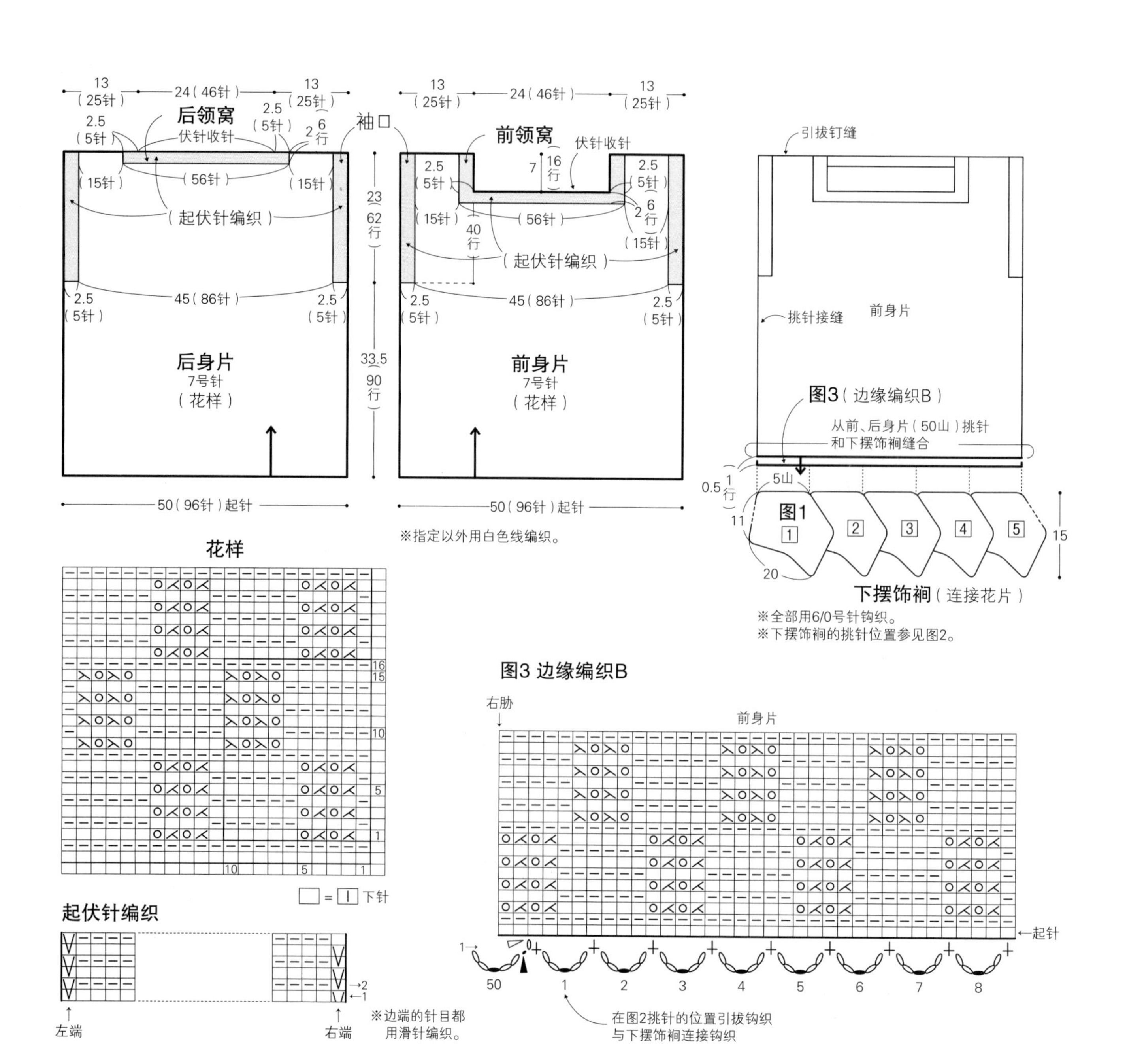
13（25针）
24（46针）
13（25针）
后领窝
伏针收针
2.5（5针）
2 6行
袖口
（15针）
（56针）
（15针）
起伏针编织
23 62行
45（86针）
后身片
7号针
（花样）
33.5 90行
50（96针）起针
前领窝
伏针收针
7 16行
40行
前身片
※指定以外用白色线编织。
引拔钉缝
挑针接缝
图3（边缘编织B）
从前、后身片（50山）挑针和下摆饰裥缝合
0.5 1行
5山
11
图1
1
2
3
4
5
15
20
下摆饰裥（连接花片）
※全部用6/0号针钩织。
※下摆饰裥的挑针位置参见图2。
花样
16
15
10
5
1
□=□下针
起伏针编织
左端
右端
※边端的针目都用滑针编织。
图3 边缘编织B
右肋
前身片
起针
50
1
2
3
4
5
6
7
8
在图2挑针的位置引拔钩织与下摆饰裥连接钩织

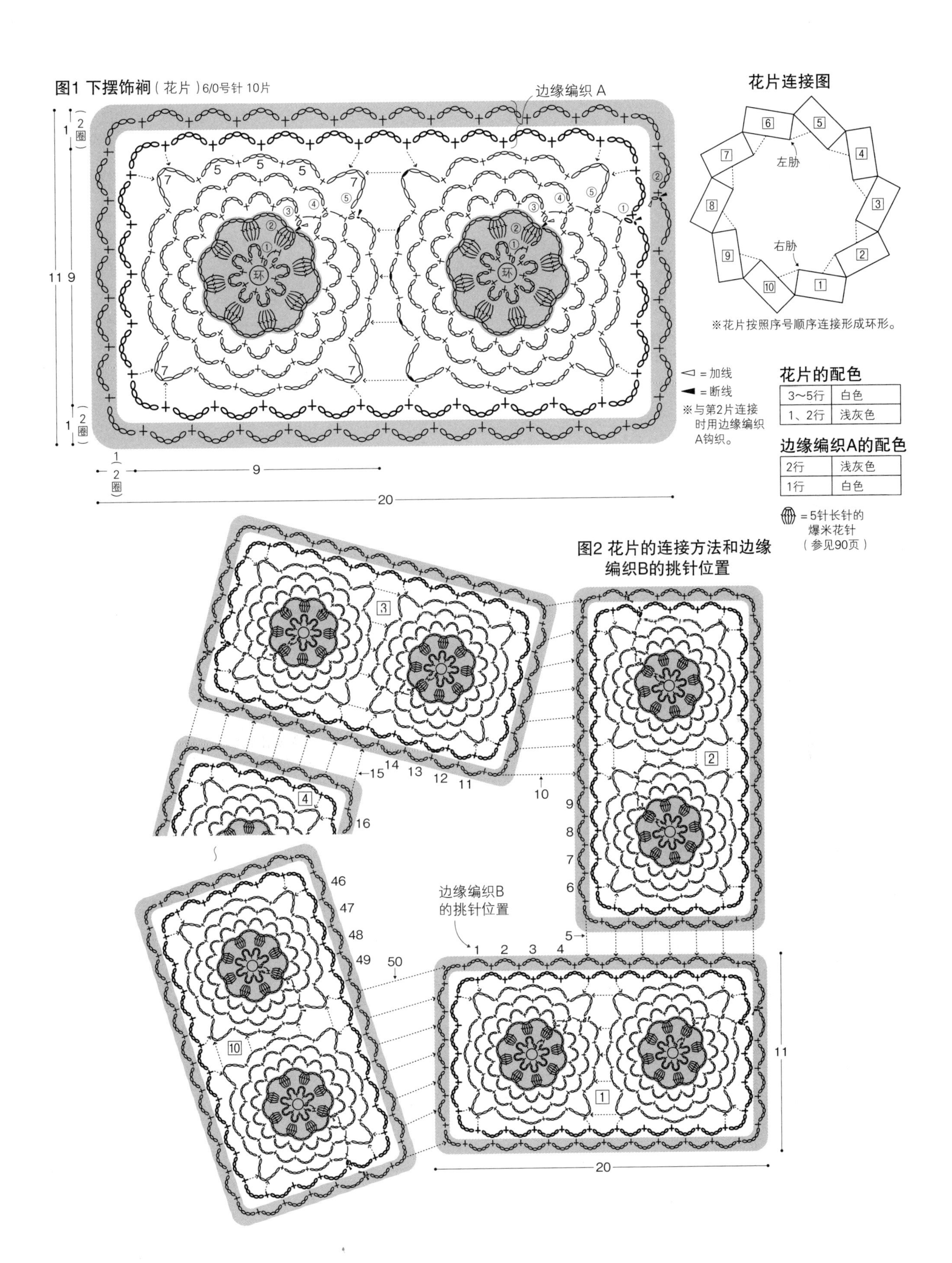
图1 下摆饰裥（花片）6/0号针 10片
边缘编织 A
花片连接图
左肋
右肋
※花片按照序号顺序连接形成环形。
◁ = 加线
◀ = 断线
※与第2片连接时用边缘编织A钩织。
花片的配色
3~5行 白色
1、2行 浅灰色
边缘编织A的配色
2行 浅灰色
1行 白色
= 5针长针的爆米花针（参见90页）
图2 花片的连接方法和边缘编织B的挑针位置
边缘编织B的挑针位置
环
1/2圈
20
11
9

P
page
28

一字领圆育克套头衫

材料和工具

线……和麻纳卡 Flax K

原色（11）、肉色（12）、米黄色（13）

各85克/各4团

钩针5/0号

密度

（10cm×10cm）

条纹花样 A、B：18.5 针，10 行

成品尺寸

胸围86cm，衣长40.5cm，连肩袖长38cm

编织要点

（起针）锁针起针在下摆变换花样的位置开始钩织。

（后身片、前身片）替换配色线，在起针第 1 针上引拔做环。第 1 行的长针是挑取锁针半针和里山钩织的。编织条纹花样 A 时用指定颜色的线钩织，但不剪断线从里侧渡线钩织。无加减针钩织 23 行。

（袖子）和前、后身片方法一样钩织 5 行，钩织 2 片。

（育克）将后身片、前身片、袖子在腋下连接，在指定位置挑针环形钩织条纹花样A。无加减针钩织10行，接着钩织6行条纹花样B，每一段都用指定的颜色钩织。将印有同样标识的部分卷针钉缝（参见91页）。

（边缘编织）与育克连接后钩织边缘编织。下摆和袖口从起针处挑针环形钩织。

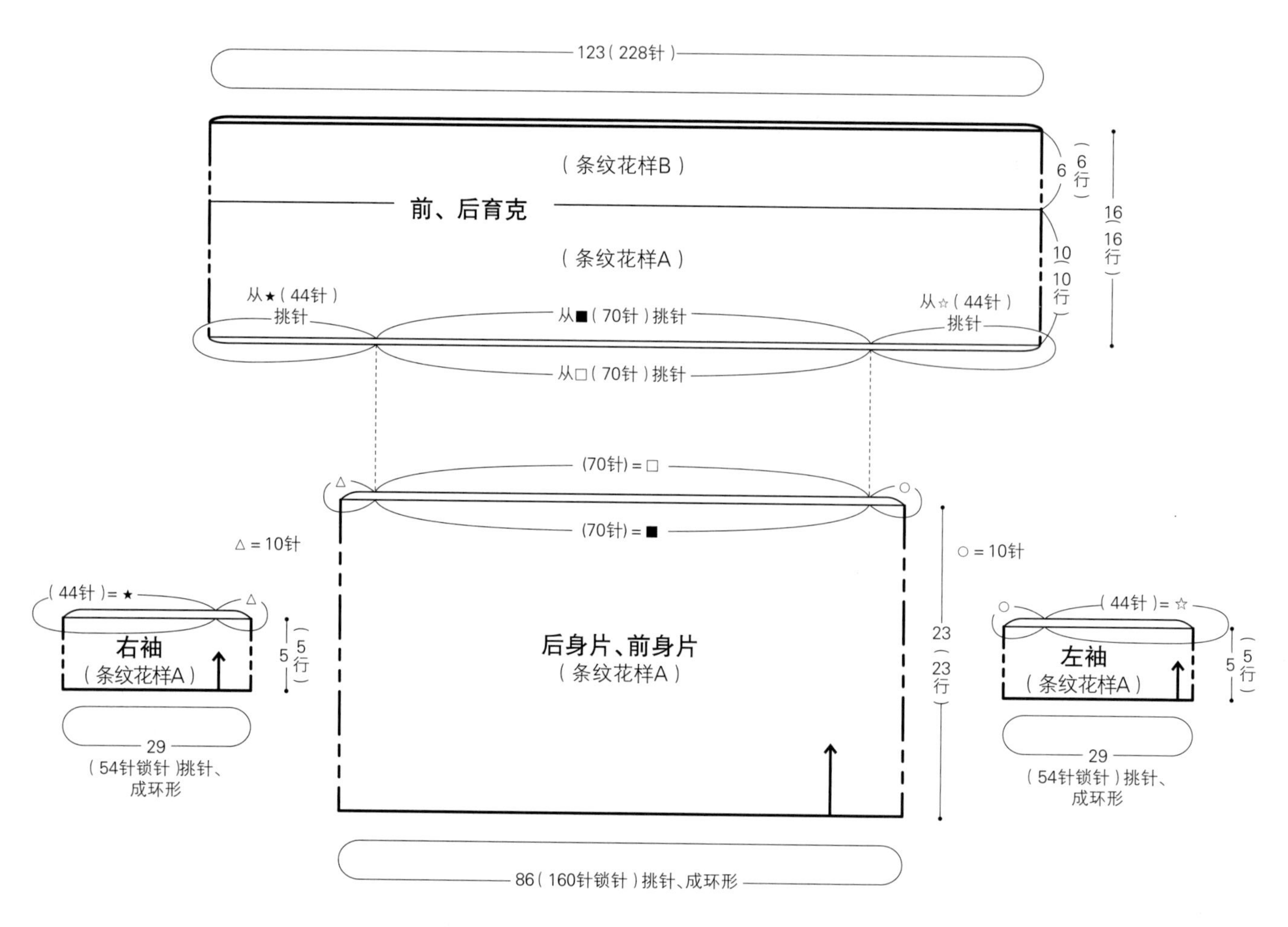
123（228针）
（条纹花样B）
前、后育克
（条纹花样A）
6 6行
16 16行
10 10行
从★（44针）挑针
从■（70针）挑针
从☆（44针）挑针
从□（70针）挑针
(70针)＝□
(70针)＝■
△＝10针
○＝10针
（44针）＝★
（44针）＝☆
右袖
（条纹花样A）
5 5行
29
（54针锁针）挑针、成环形
后身片、前身片
（条纹花样A）
23 23行
左袖
（条纹花样A）
5 5行
29
（54针锁针）挑针、成环形
86（160针锁针）挑针、成环形

※全部以5/0号针钩织。

※将同样印有○、△标识的部分分别卷针缝。

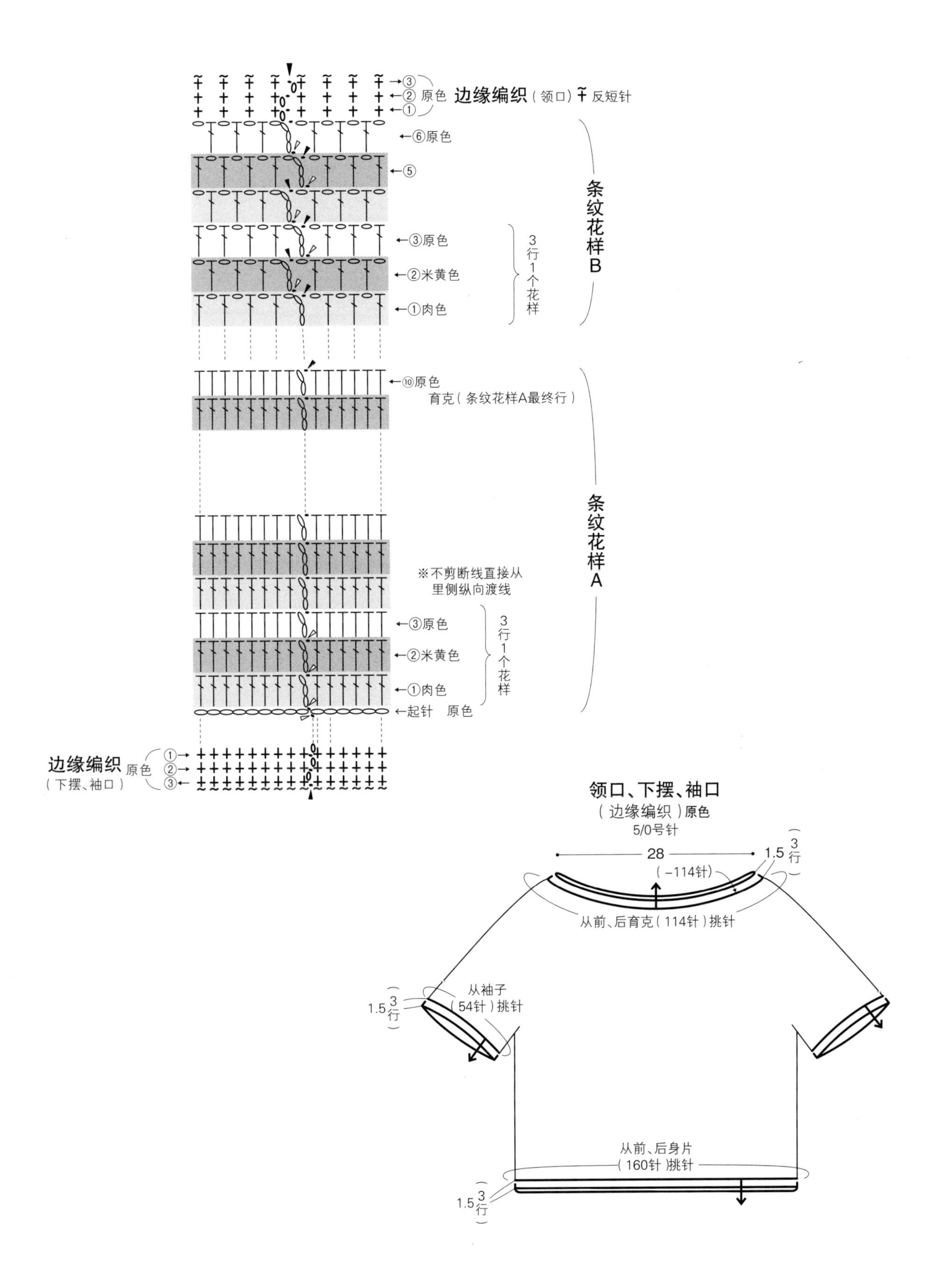
③
② 原色
①
边缘编织（领口）
反短针
⑥原色
⑤
③原色
②米黄色
①肉色
3行1个花样
条纹花样B
⑩原色
育克（条纹花样A最终行）
※不剪断线直接从里侧纵向渡线
③原色
②米黄色
①肉色
3行1个花样
起针 原色
条纹花样A
边缘编织（下摆、袖口）
原色
①
②
③
领口、下摆、袖口
（边缘编织）原色
5/0号针
28
（-114针）
1.5 3行
从前、后育克（114针）挑针
从袖子（54针）挑针
1.5 3行
从前、后身片（160针）挑针
1.5 3行

Q
page
29

方眼镂空吊带衫

材料和工具

线……和麻纳卡 Flax C

深褐色（104）105克/5团

钩针3/0号

密度

（10cm×10cm）

方眼花样，花样 A、B：10 格，10.5 行

成品尺寸

胸围88cm，衣长约52cm

编织要点

（起针）锁针起针在下摆变换花样的位置开始钩织。

（后身片、前身片）第1行的长针是挑取锁针的里山进行钩织的。无加减针一直钩织32行。前身片按照记号图钩织。前、后身片正面相对重叠，用引拔针的锁针钉缝（引拔针1针，锁针2针）两肋部分。

（边缘编织A、B）下摆边缘编织A从起针行上挑针，整段挑取锁针钩织短针。环形钩织4行。胸部的边缘编织B按照记号图上转角标识那样无加减针环形钩织2行。

（肩带）在指定的位置绕上线，从边缘编织 B 上挑针往返钩织 80 行。

（边缘编织 C）继续用钩织肩带的线钩织，挑针钩织 1 周。

（组合）将肩带固定到后身片边缘编织 B、C 的里侧 1cm 的位置。

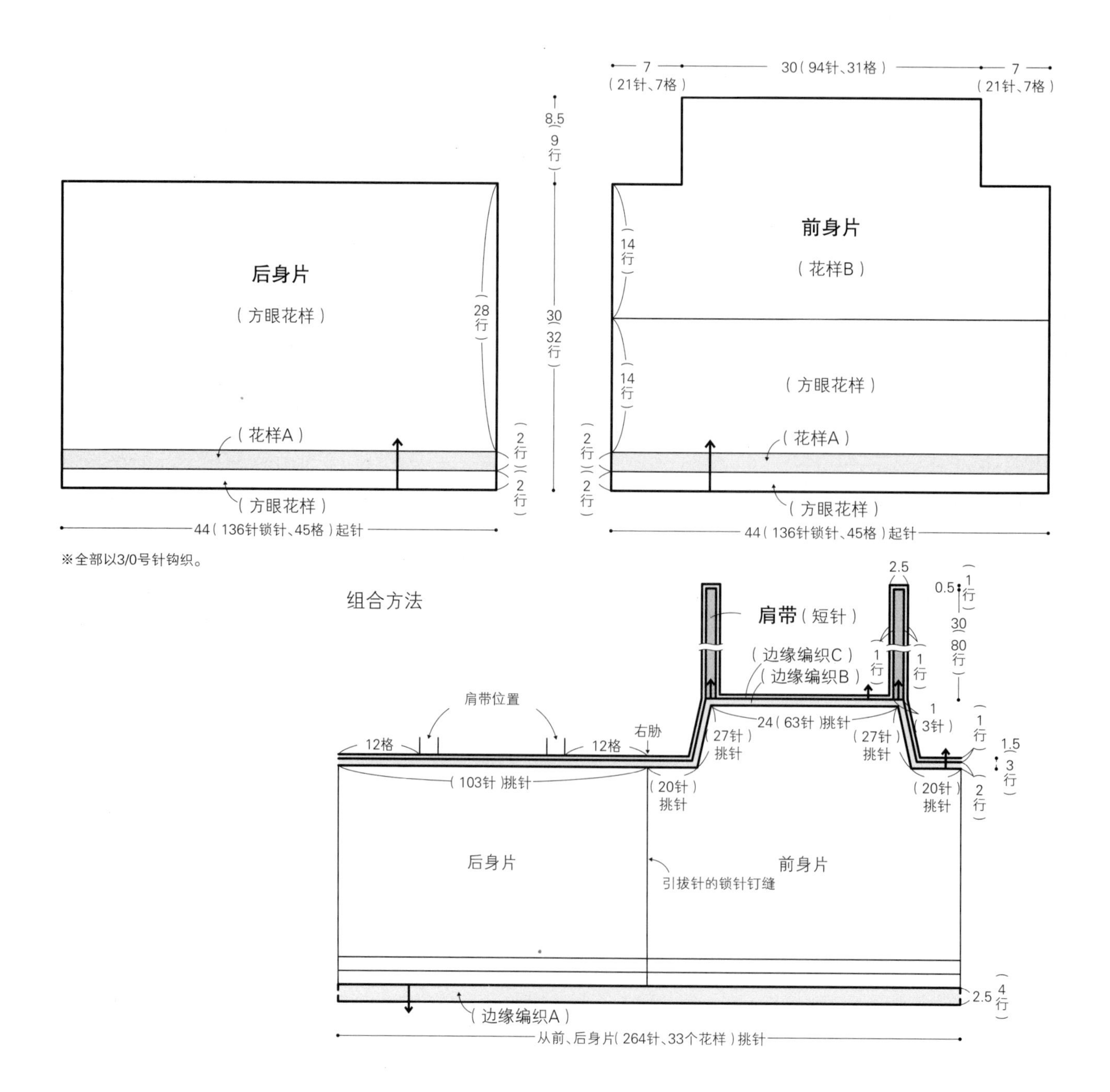
后身片
（方眼花样）
（花样A）
（方眼花样）
28行
2行
2行
8.5
9行
30
32行
44（136针锁针、45格）起针
7
（21针、7格）
30（94针、31格）
7
（21针、7格）
前身片
（花样B）
14行
14行
（方眼花样）
（花样A）
（方眼花样）
2行
2行
44（136针锁针、45格）起针
组合方法
肩带（短针）
（边缘编织C）
（边缘编织B）
2.5
0.5 1行
30
80行
1行
1行
1
3针
1行
1.5
3行
2行
肩带位置
12格
12格
右胁
24（63针）挑针
（27针）挑针
（27针）挑针
（103针）挑针
（20针）挑针
（20针）挑针
后身片
前身片
引拔针的锁针钉缝
（边缘编织A）
2.5
4行
从前、后身片（264针、33个花样）挑针

※全部以3/0号针钩织。

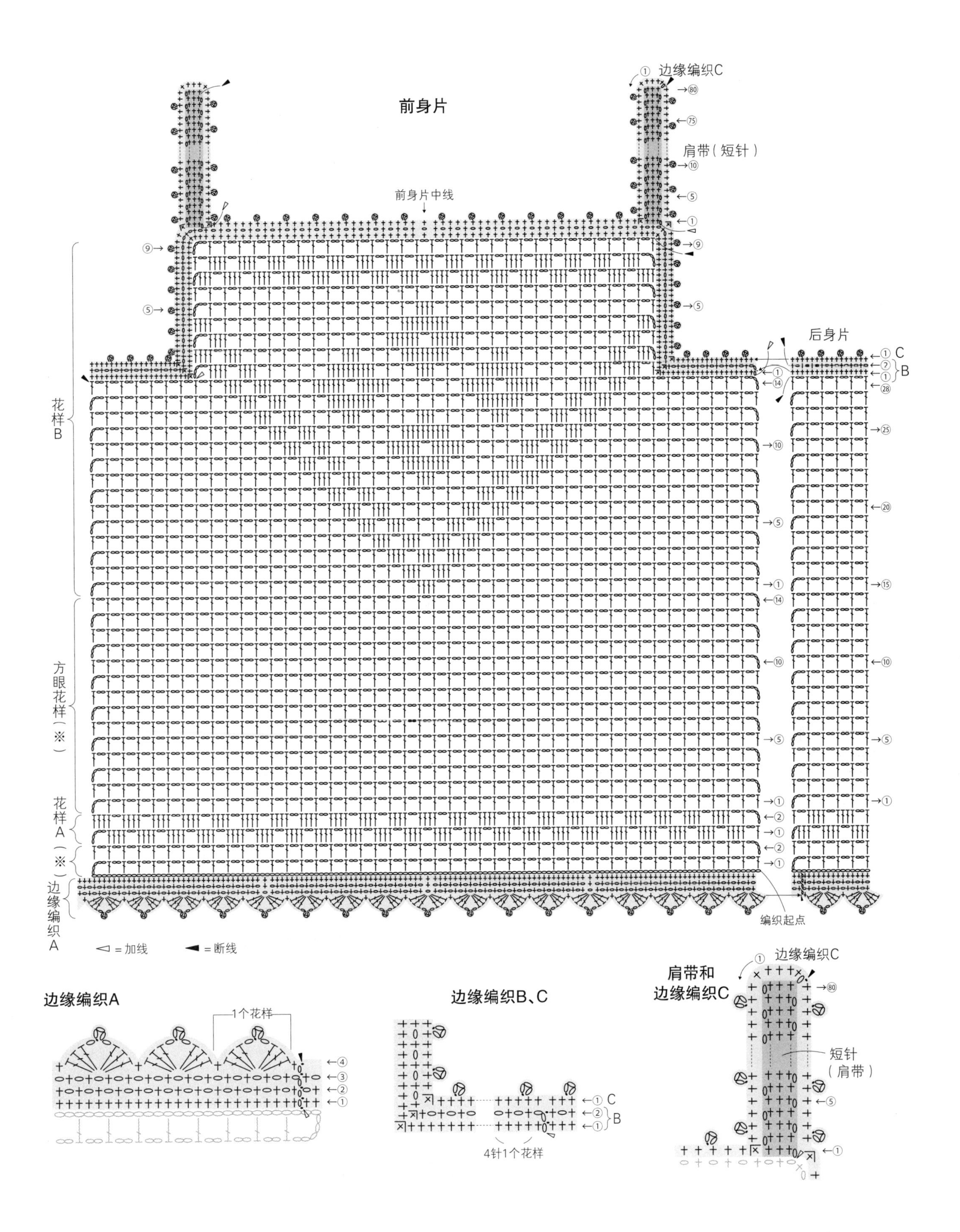

前身片
边缘编织C
肩带（短针）
前身片中线
后身片
C
B
花样B
方眼花样（※）
花样A（※）
边缘编织A
编织起点
◁ = 加线
◀ = 断线
边缘编织A
1个花样
边缘编织B、C
4针1个花样
肩带和
边缘编织C
短针（肩带）

R
page
30

连帽多用马甲

将帽子的扣子解开平铺就成围巾了

材料和工具

线……和麻纳卡 Flax K

肉色(12)325克/13团

棒针5号

纽扣……直径1.5cm(灰色)12颗

密度

(10cm×10cm)

花样A：22针，32行

花样B：22.5针，30行

成品尺寸

胸围约93cm，肩背宽41cm，衣长约70cm

编织要点

(起针)手指绕线起针从下摆开始编织。

(前身片)编织2行上针后，接着无加减针编织花样A，在胁部制作扣眼。编织终点停针。左右都编好之后，将编织终点正面相对盖针钉缝。

(后身片)挑取前身片指定位置编织花样B。在胁部卷加针10针。编织终点伏针收针。

(帽子)从右边开始编织。在指定位置挑针编织花样B，在指定位置制作扣眼。编织终点停针。左边右边3针重合。将左右正面相对重合后盖针钉缝。

(组合)在后身片胁部和帽子上缝上纽扣。

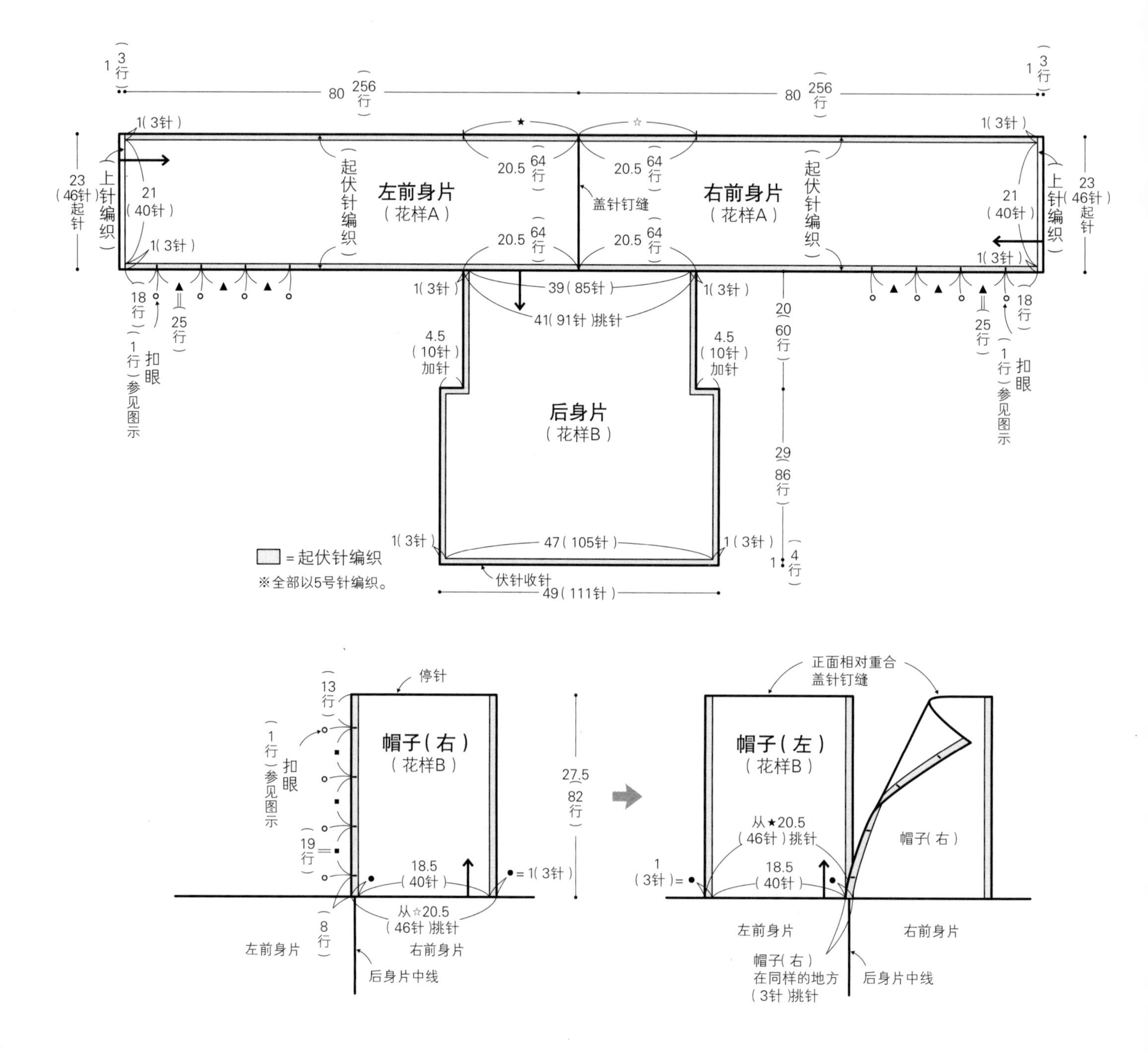
左前身片
(花样A)
右前身片
(花样A)
后身片
(花样B)
盖针钉缝
起伏针编织
上针编织
39(85针)
41(91针)挑针
4.5(10针)加针
47(105针)
伏针收针
49(111针)
80(256行)
20.5(64行)
23(46针)起针
21(40针)
扣眼(1行)参见图示
= 起伏针编织
※全部以5号针编织。
帽子(右)
(花样B)
帽子(左)
(花样B)
停针
18.5(40针)
从☆20.5(46针)挑针
从★20.5(46针)挑针
27.5(82行)
● = 1(3针)
正面相对重合
盖针钉缝
左前身片
右前身片
后身片中线
帽子(右)
在同样的地方
(3针)挑针

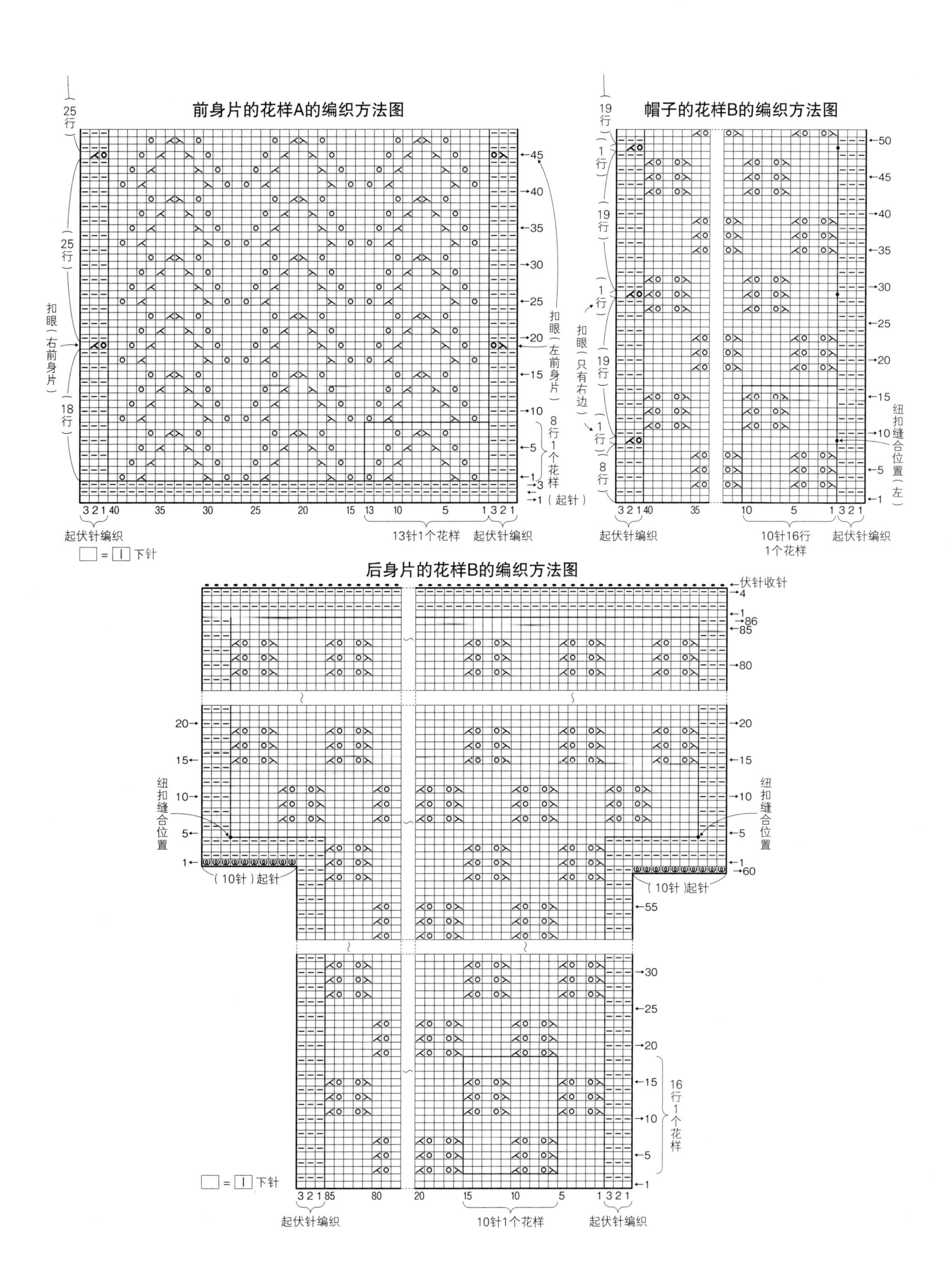
前身片的花样A的编织方法图
25行
25行
扣眼（右前身片）
18行
扣眼（左前身片）
8行1个花样
3
1（起针）
起伏针编织
13针1个花样
起伏针编织
= 下针
帽子的花样B的编织方法图
19行
1行
19行
1行
扣眼（只有右边）
19行
1行
8行
纽扣缝合位置（左）
起伏针编织
10针16行
1个花样
起伏针编织
后身片的花样B的编织方法图
伏针收针
纽扣缝合位置
纽扣缝合位置
（10针）起针
（10针）起针
16行1个花样
= 下针
起伏针编织
10针1个花样
起伏针编织

S
page
32

南美披肩式马甲

材料和工具

线……和麻纳卡 Flax K Lame
淡绿色（605）290克/12团
棒针7号、5号、4号，钩针3/0号
纽扣……直径2.3cm（褐色）1个

密度

下针编织：20 针，30 行（10cm×10cm）
花样 B：35 针，30 行（14.5cm×14.5cm）
花样 C：32 针，30 行（16cm×16cm）

成品尺寸

衣长52cm

编织要点

（起针）手指绕线起针从右前身片开始编织。

（右前身片）双罗纹针织 6 行后，换 7 号针后的第 1 行加 1 针，再按照花样无加减针编织到 86 行。

（后身片）第1行卷加针57针，无加减针编织110针直到220行。

（左前身片）后身片无加减针编织53针，后57针绕线伏针收针。接着依照花样编织88行，编织4行双罗纹针，在正面伏针收针。

（袖口）袖底相同标识部分对齐针和行钉缝（参见95页），从袖口挑针，双罗纹针环形编织17行。编织终点伏针收针。

（组合）在右前身片编织扣襻，按照图示处理线尾。在左前身片指定位置添加纽扣。

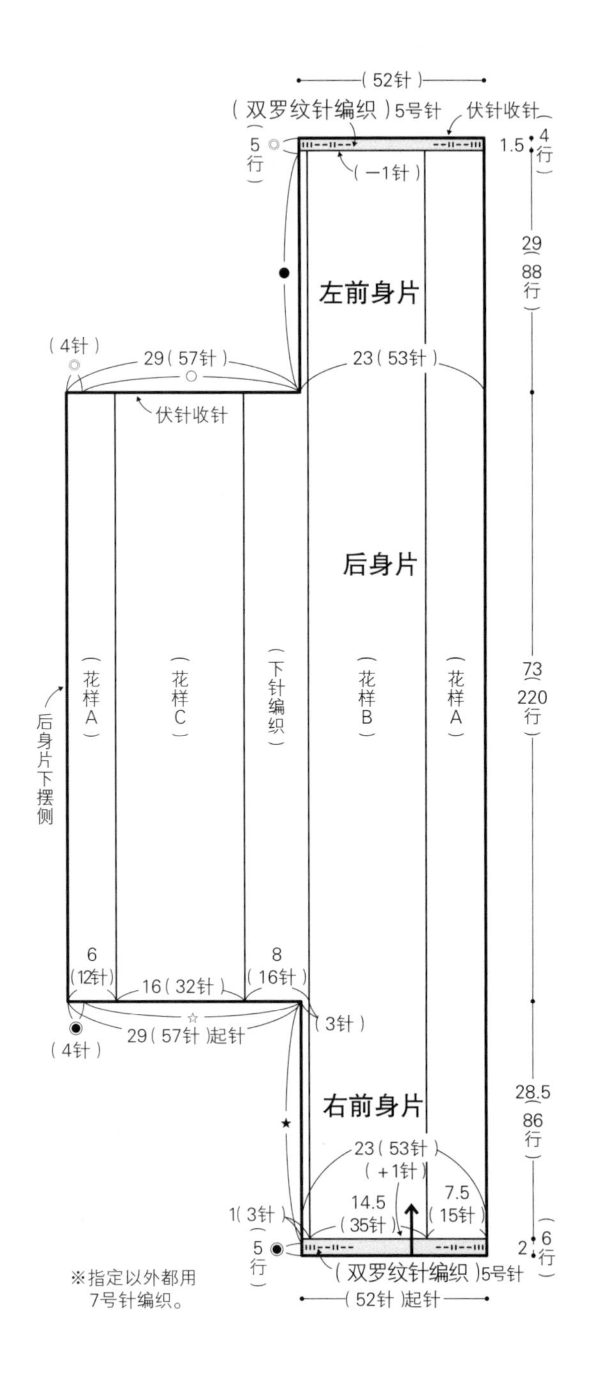
（52针）
（双罗纹针编织）5号针
伏针收针
5行
1.5
4行
（－1针）
29
88行
左前身片
（4针）
29（57针）
23（53针）
伏针收针
后身片
（花样A）
（花样C）
（下针编织）
（花样B）
（花样A）
73
220行
后身片下摆侧
6
（12针）
16（32针）
8
（16针）
（3针）
（4针）
29（57针）起针
右前身片
28.5
86行
23（53针）
（＋1针）
14.5
（35针）
7.5
（15针）
1（3针）
5行
2
6行
（双罗纹针编织）5号针
（52针）起针

※指定以外都用
7号针编织。

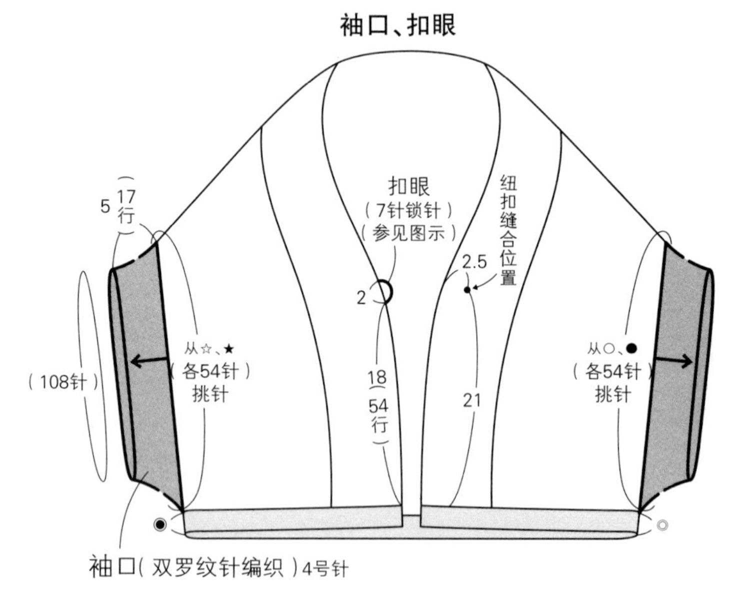
袖口、扣眼
5
17行
扣眼
（7针锁针）
（参见图示）
纽扣缝合位置
2.5
2
（108针）
从☆、★
（各54针）
挑针
18
54行
21
从○、●
（各54针）
挑针
袖口（双罗纹针编织）4号针

※有◉、○相同标识的部分分别钉缝。

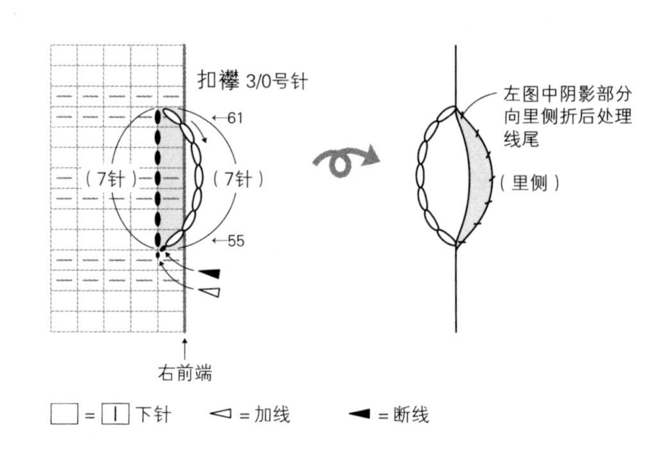
扣襻的钩织方法和缝合方法
扣襻 3/0号针
61
（7针）
（7针）
55
右前端
左图中阴影部分向里侧折后处理线尾
（里侧）
□ = ⏐ 下针
◁ = 加线
◀ = 断线

前、后身片的编织方法图

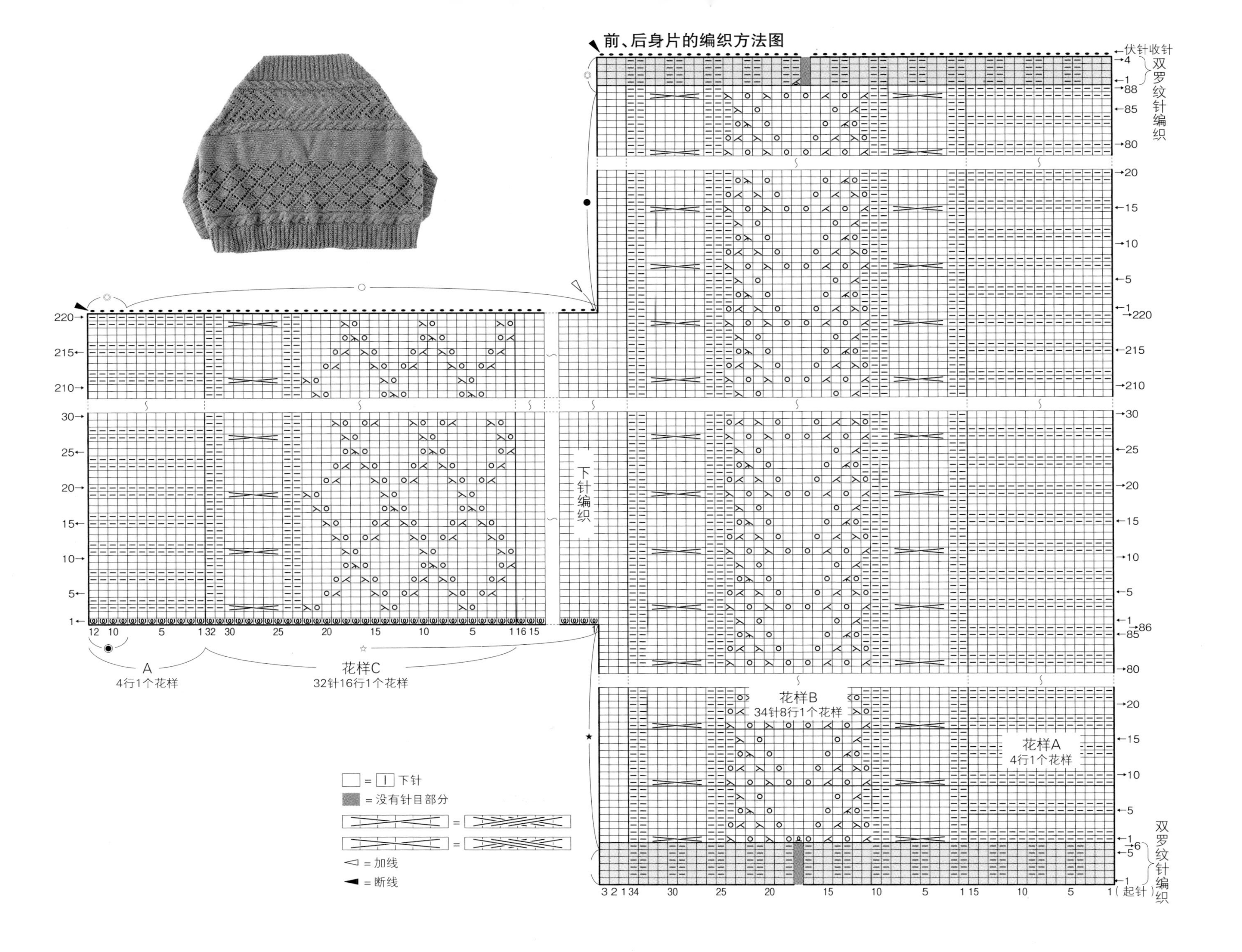
伏针收针
双罗纹针编织
下针编织
花样A
4行1个花样
花样B
34针8行1个花样
花样C
32针16行1个花样
A
4行1个花样
双罗纹针编织
(起针)
= 下针
= 没有针目部分
= 加线
= 断线

T
page
33

方眼花饰长袖开衫

材料和工具

线……和麻纳卡 Flax K
米黄色（13）185克/8团
原色（11）、深灰色（201）各25克/各1团
钩针5/0号
纽扣……直径1cm（黑色）3颗

密度

（10cm×10cm）
方眼花样：8格，8行

成品尺寸

胸围92.5cm，肩背宽46cm，衣长45.5cm，袖长27cm

编织要点

（起针）手指绕线起针从后身片下摆开始钩织。

（后身片、前身片）第1行的长针挑取锁针半针和里山开始钩织。无加减针钩织方眼花样37行。接着将左前身片的11格钩织8行后，暂停用线。钩针挑取第8行立起的锁针半针和里山后绕上线，钩织24针锁针，用刚刚留出的线无加减针钩织19格29行。右前身片部分绕线钩织8行，接着钩织24针锁针。无加减针钩织19格29行。

（袖）从前、后身片挑针钩织，无加减针钩织22行。

（组合）在指定位置缝合花饰（参见48页）。将胁与袖底正面相对重叠后织引拔针的锁针钉缝（引拔针1针、锁针3针）。下摆、前门襟、领口和袖口边缘编织（参见48页）。

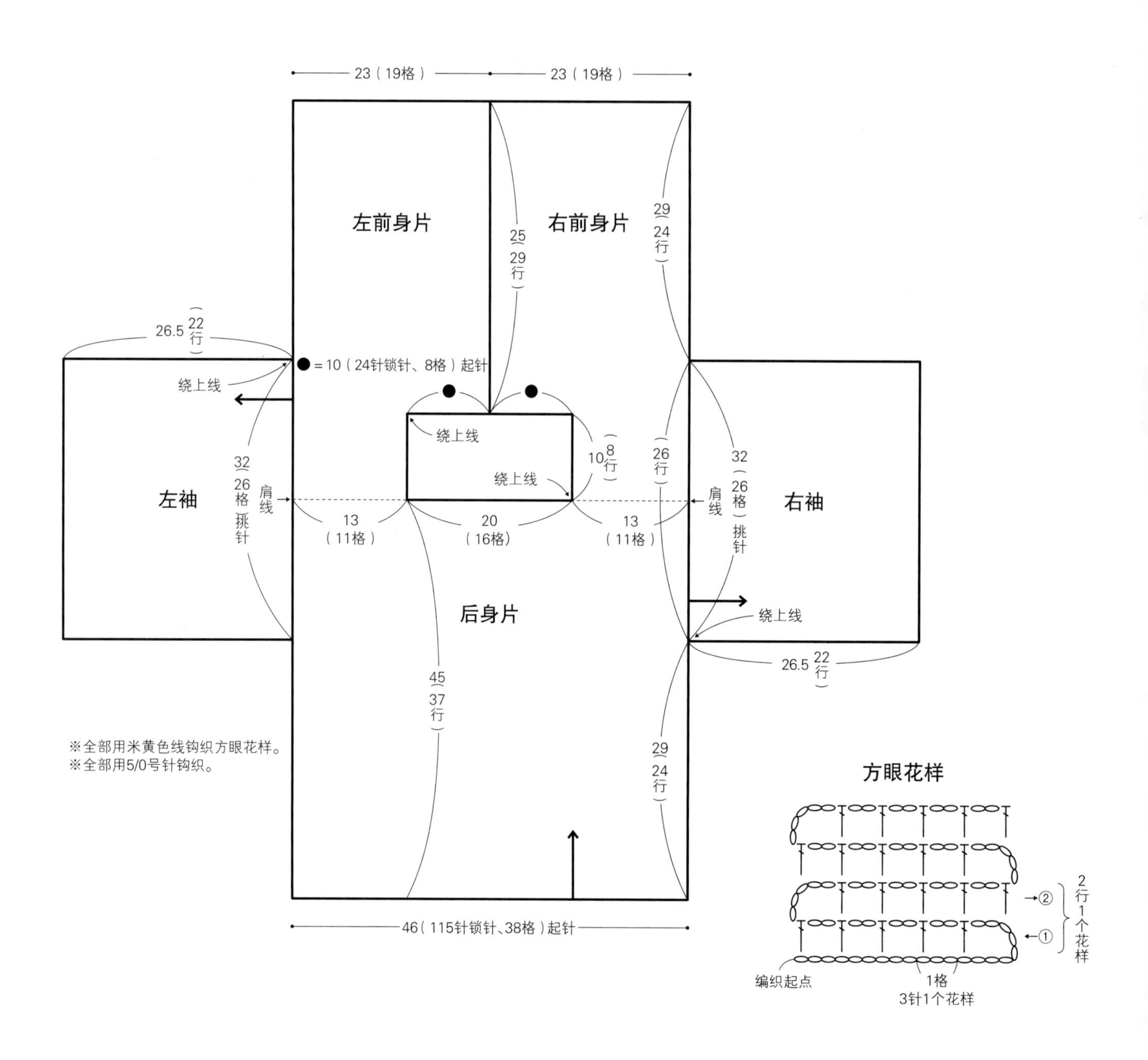
23（19格）
23（19格）
左前身片
右前身片
25（29行）
29（24行）
26.5（22行）
●=10（24针锁针、8格）起针
绕上线
绕上线
绕上线
10（8行）
26行
32（26格）挑针
肩线
左袖
13（11格）
20（16格）
13（11格）
右袖
后身片
绕上线
26.5（22行）
45（37行）
29（24行）
46（115针锁针、38格）起针
※全部用米黄色线钩织方眼花样。
※全部用5/0号针钩织。
方眼花样
2行1个花样
编织起点
1格
3针1个花样

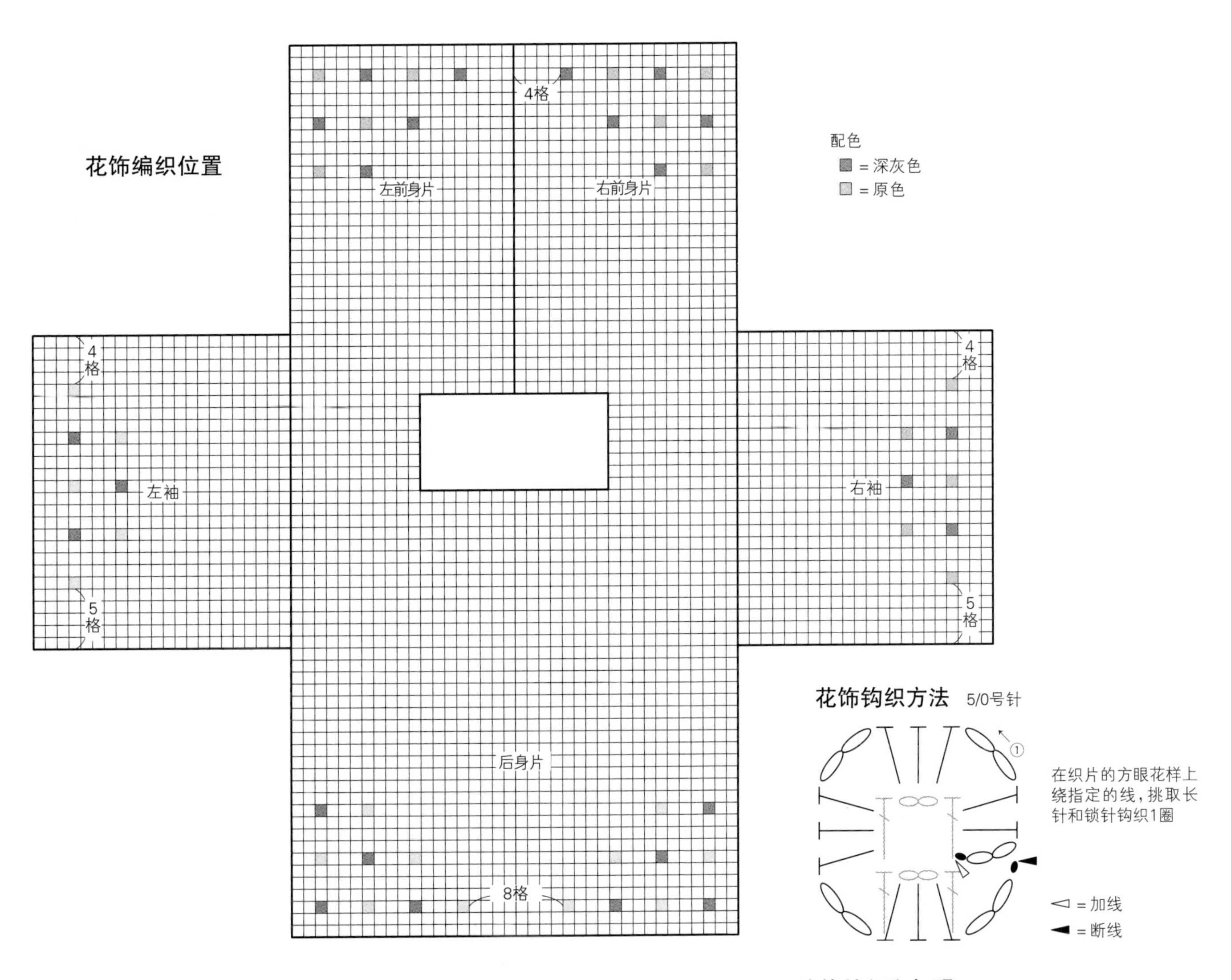
花饰编织位置
配色
■ = 深灰色
□ = 原色
4格
左前身片
右前身片
4
格
5
格
左袖
右袖
后身片
8格

花饰钩织方法 5/0号针

在织片的方眼花样上绕指定的线，挑取长针和锁针钩织1圈

◁ = 加线

◀ = 断线

下摆、前门襟、领口、袖口（边缘编织）5/0号针

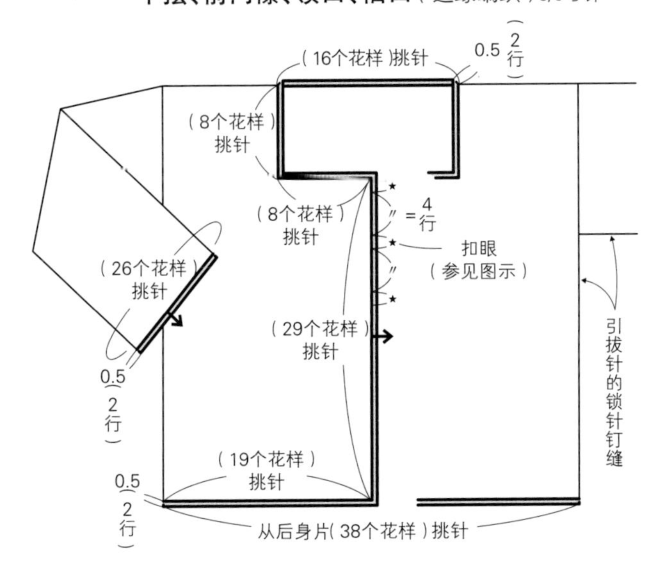
（16个花样）挑针
0.5
2
行
（8个花样）
挑针
（8个花样）
挑针
〃=4
行
扣眼
（参见图示）
（26个花样）
挑针
（29个花样）
挑针
0.5
2
行
（19个花样）
挑针
从后身片（38个花样）挑针
引拔针的锁针钉缝

边缘编织和扣眼

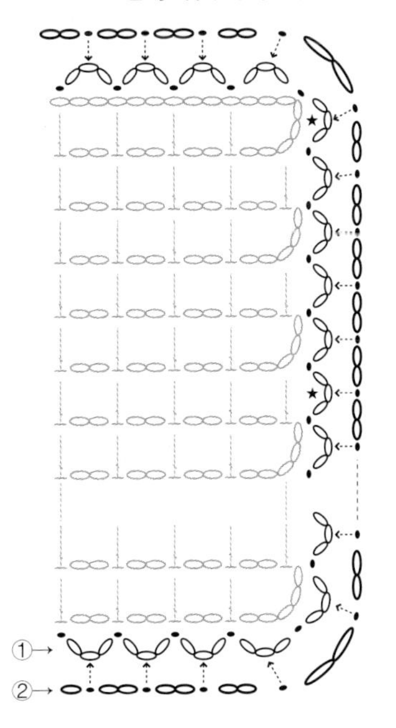
①→
②→

★ = 扣眼
（利用边缘编织）

暂时抽出钩针，在第1行的空隙中入针引拔

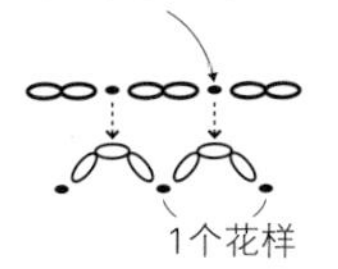
1个花样

配色

2行	深灰色
1行	原色

Basics
钩针编织基础

记号图的解读方法

往返钩织

记号图虽然仅显示正面，但是实际钩织时，要正面、反面交替钩织。看记号图时，立起的锁针在右侧时（箭头向左）即为从正面钩织；立起的锁针在左侧时（箭头向右）即为从反面钩织。另外，为使记号图简明易懂，故将重复的部分画得很紧凑。花样按照提示的针数与行数钩织。

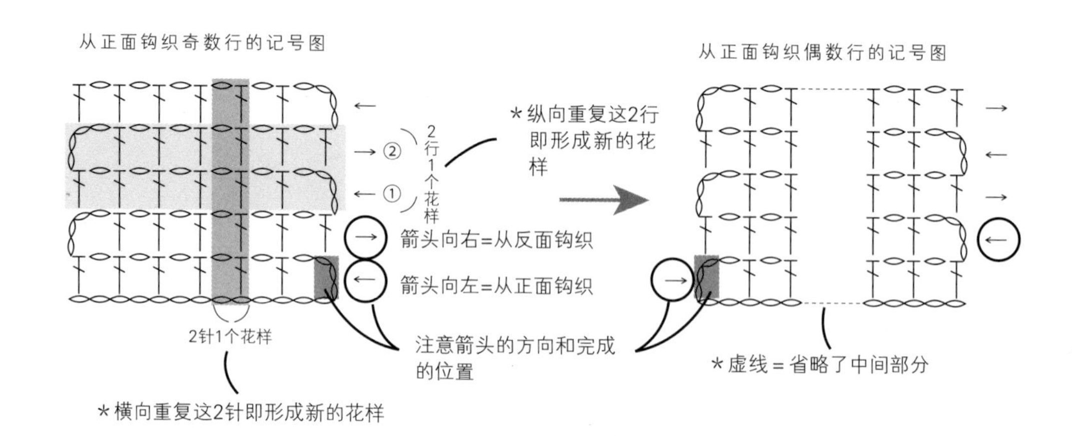

从正面钩织奇数行的记号图
从正面钩织偶数行的记号图
2行1个花样
*纵向重复这2行即形成新的花样
箭头向右=从反面钩织
箭头向左=从正面钩织
2针1个花样
注意箭头的方向和完成的位置
*虚线=省略了中间部分
*横向重复这2针即形成新的花样

环形钩织

环形钩织有只看正面一直向一个方向的织法，还有交替看正面、反面不断改变钩织方向的织法。根据记号图中立起的锁针位置和最后1针引拔钩织的位置、箭头的方向来判断。

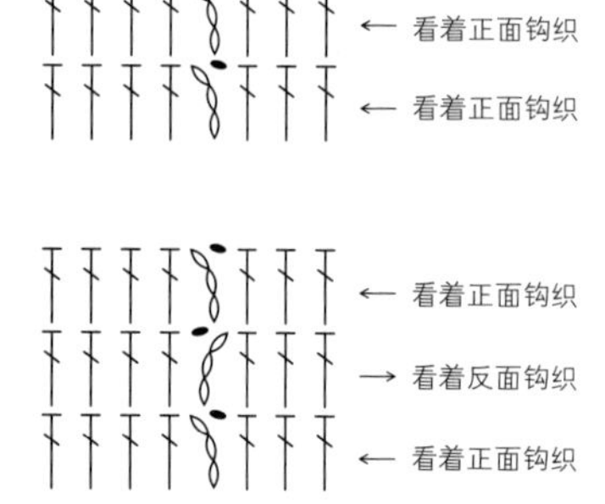

看着正面钩织
看着正面钩织
看着正面钩织
看着反面钩织
看着正面钩织

钩织花片

环形起针，从中心向外不断钩织。花片钩织一般从锁针开始，依照左侧的记号依次钩织，每一圈钩织时都要看着正面。

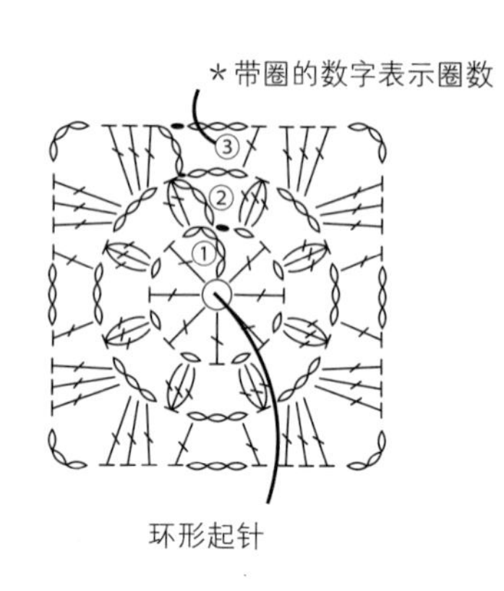

*带圈的数字表示圈数
环形起针

起针

锁针

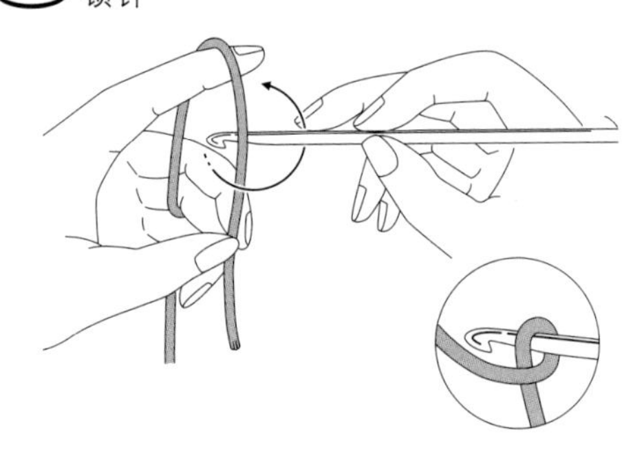

1 钩针放到线的一侧，按箭头方向旋转。

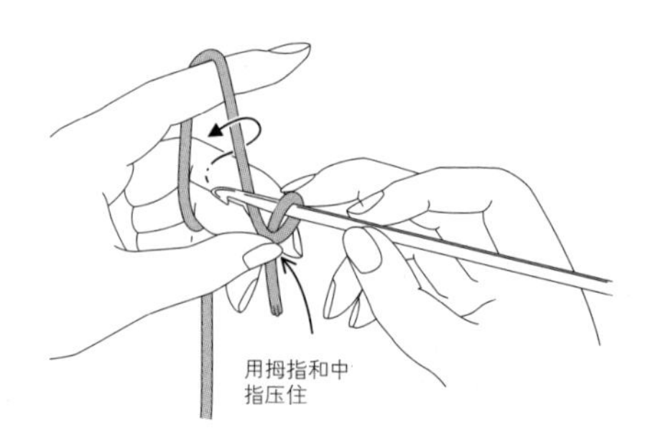

用拇指和中指压住

2 像上图一样将线绕到钩针上。

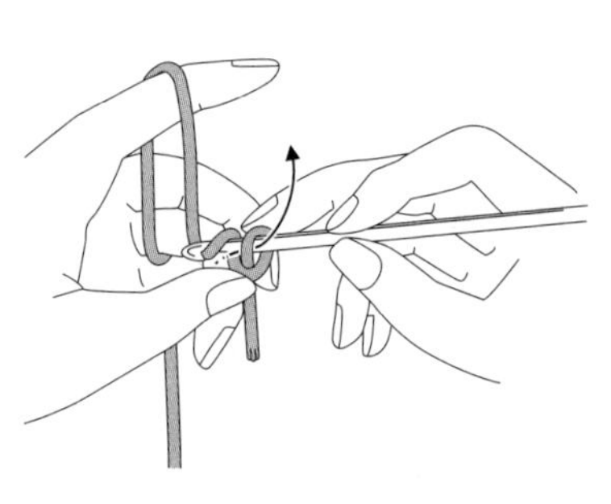

3 拉出线。

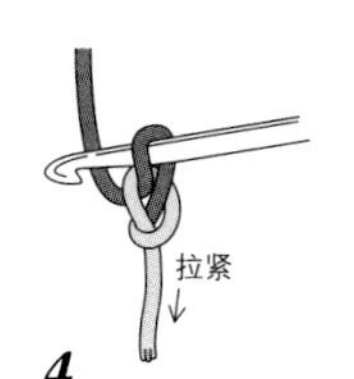
拉紧

4 拉动线尾，收紧针目。

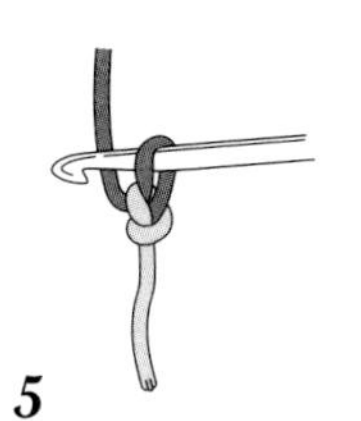

5 完成。这一针不算是第1针（不包含在针数中）。

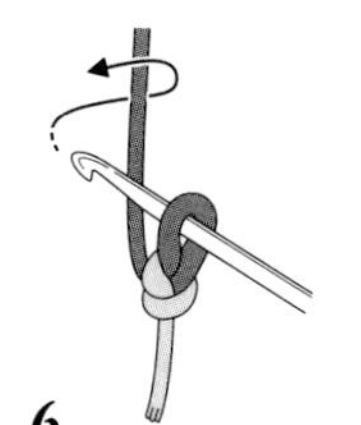

6 钩织1针锁针。在钩针上绕线。

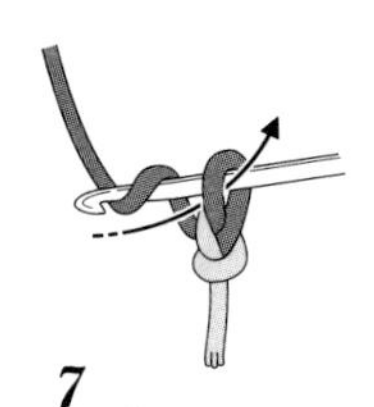

7 按照箭头的方向将线拉出。

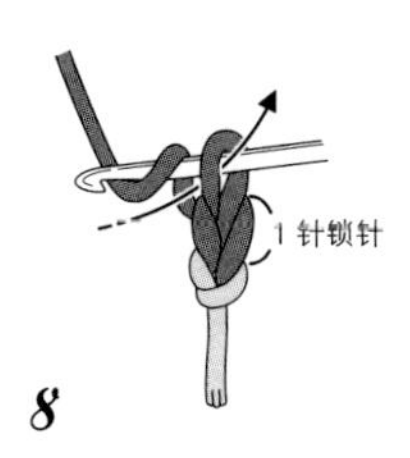
1针锁针

8 1针锁针完成。接着在钩针上绕线拉出。

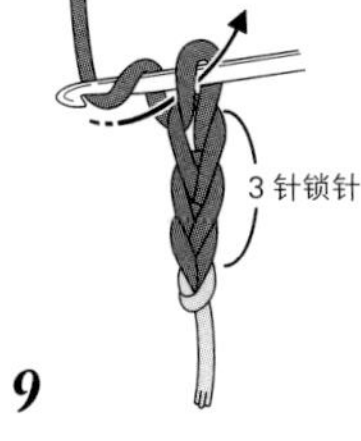
3针锁针

9 重复"在钩针上绕线拉出"钩出必要数目的锁针。

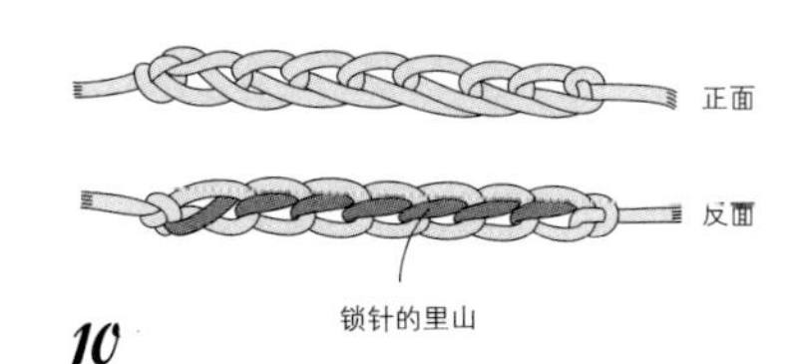
正面
反面
锁针的里山

10 锁针的正面和反面。请记住锁针的里山形状。

挑针

〈挑取锁针的里山〉

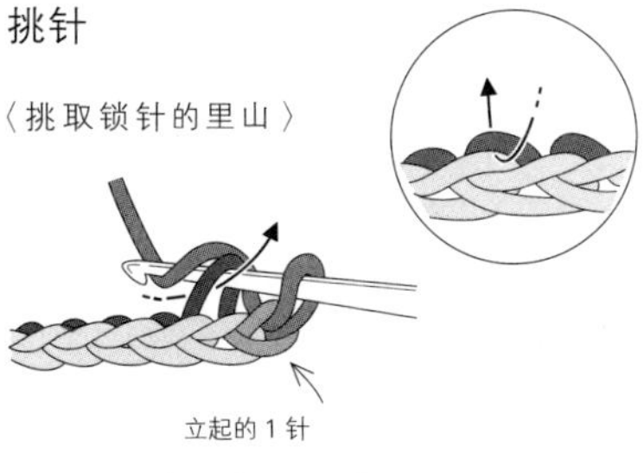
立起的1针

钩完1针后挑取锁针里山钩织第1行。

〈挑取锁针半针和里山〉

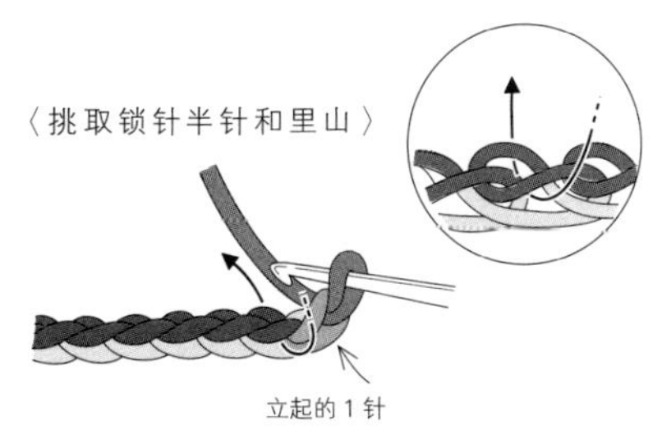
立起的1针

钩完1针后挑取锁针上侧的半针和里山钩织第1行。

环形起针（短针的圆形钩织法）

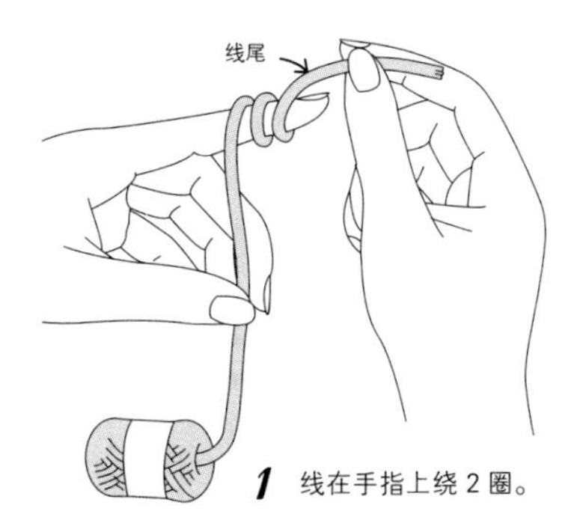
线尾

1 线在手指上绕2圈。

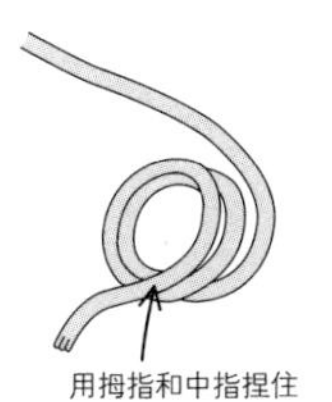
用拇指和中指捏住

2 取下线圈，左手挂线团侧的线，交点用拇指和中指捏住。

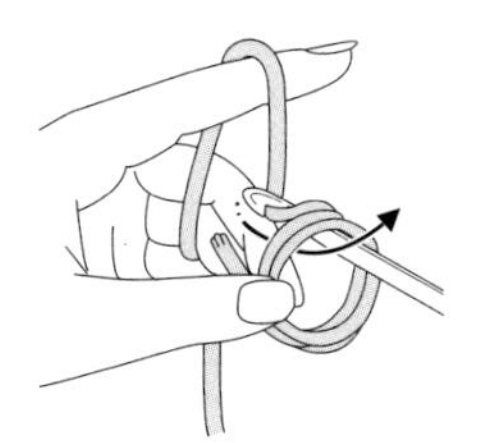

3 钩针插入线圈中，将线拉出。

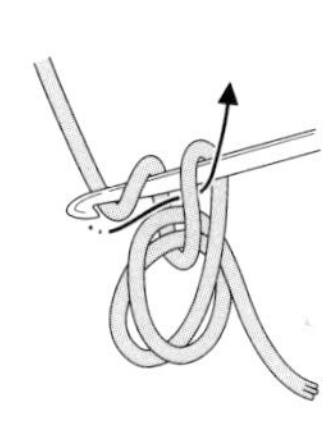

4 再一次绕线拉出收紧，最开始的1针就完成了（这一针不算作第1针）。

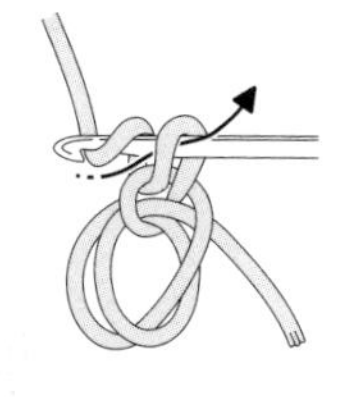

5 钩完1针锁针后，在线圈中入针钩织必要数目的短针。

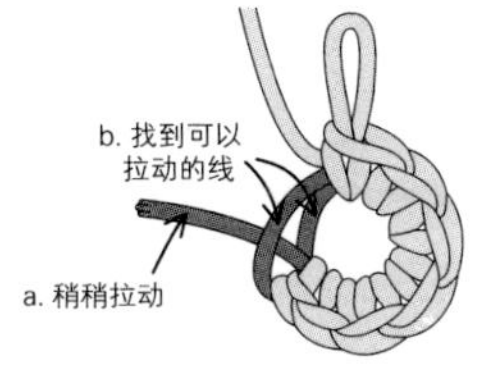
b. 找到可以拉动的线
a. 稍稍拉动

6 第1行钩好后，收紧中心的环。轻轻拉动线尾，确认可以拉动的线。

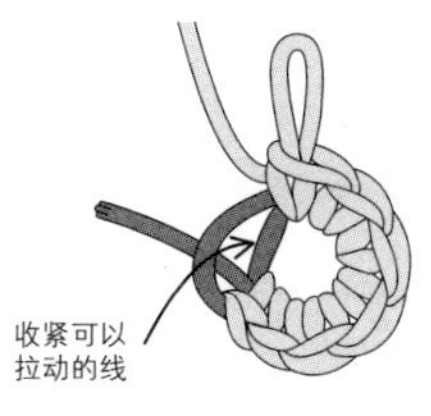
收紧可以拉动的线

7 收紧能够拉动的线，使环缩小。

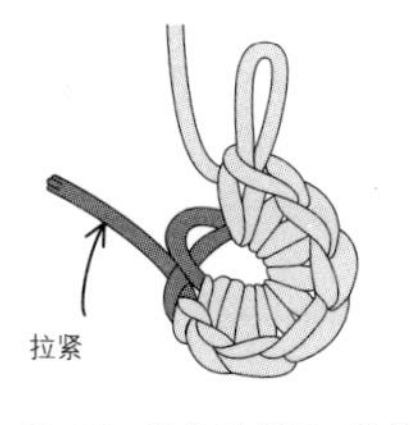
拉紧

8 再一次拉动线头，拉紧。

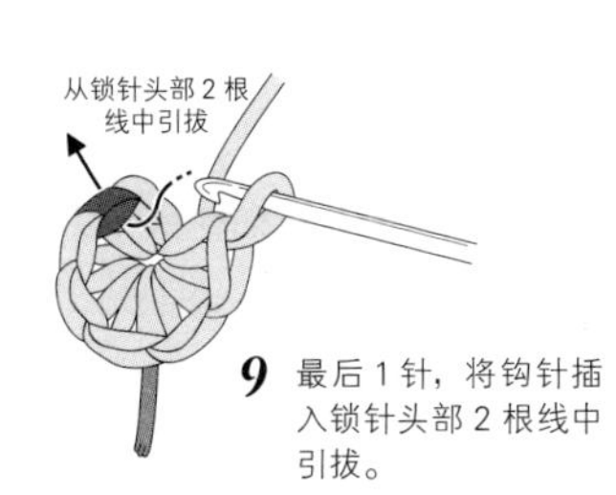
从锁针头部2根线中引拔

9 最后1针，将钩针插入锁针头部2根线中引拔。

引拔钩织

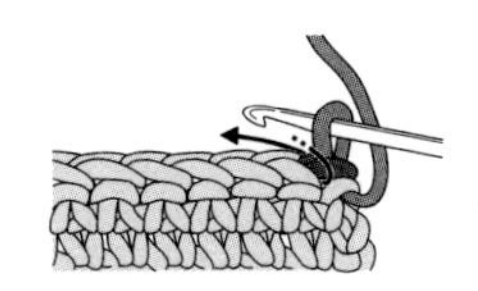

1 按照箭头方向将钩针插入头部的2根线里。

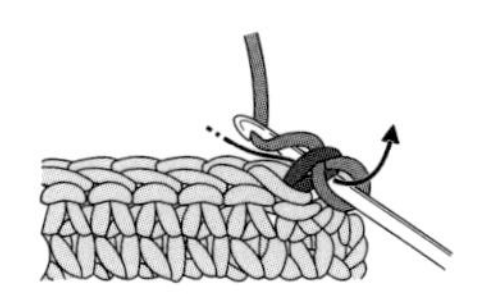

2 针上绕线按照箭头方向引拔。

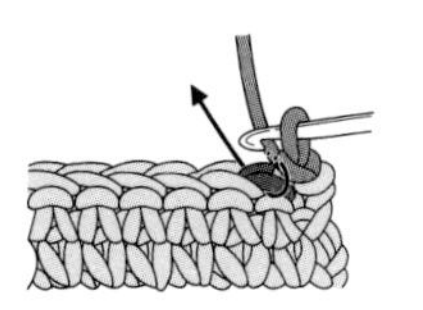

3 第2针也是将钩针插入头部的2根线里引拔。

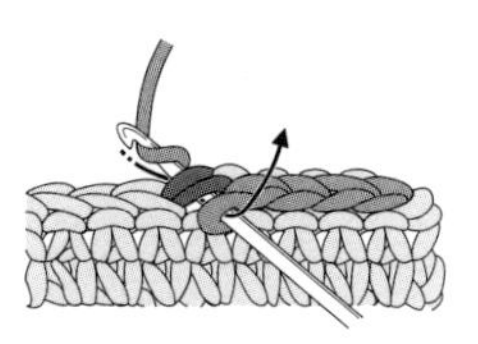

4 和步骤3一样引拔。为了带线方便，线不要拉得过紧。

＋（X）短针

JIS记号

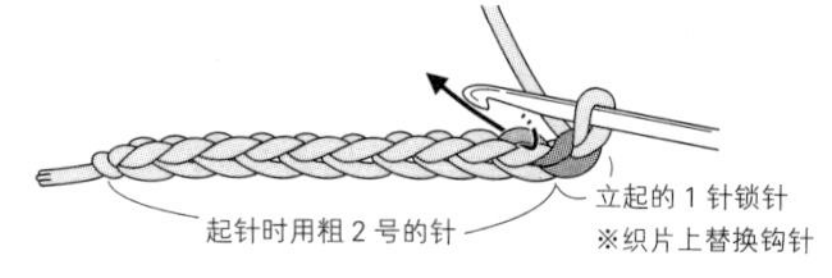

立起的 1 针锁针
起针时用粗 2 号的针
※织片上替换钩针

1 钩好 1 针锁针后，将钩针插入起针行从右侧数起的第 1 针的里山中。

2 钩针上绕线按箭头方向拉出。

3 再一次针上绕线一次性从 2 个线圈中引拔出。

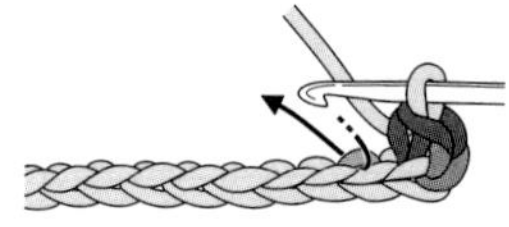

4 短针钩织完成。接着再挑取锁针的里山编织。

中长针

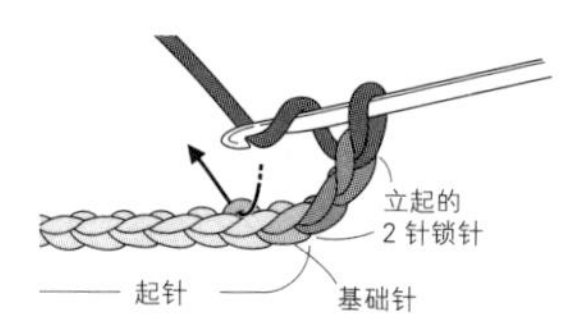

立起的
2 针锁针
起针
基础针

1 钩好 2 针锁针后，钩针上绕线插入起针行的里山中。

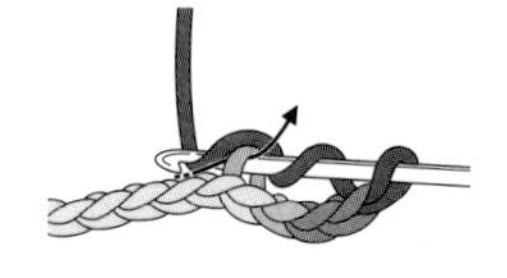

2 钩针上绕线按照箭头方向拉出。

3 拉至 2 针锁针的高度。

4 再一次在钩针上绕线按照箭头方向一次性从 3 个线圈中引拔出。

5 中长针完成。

长针

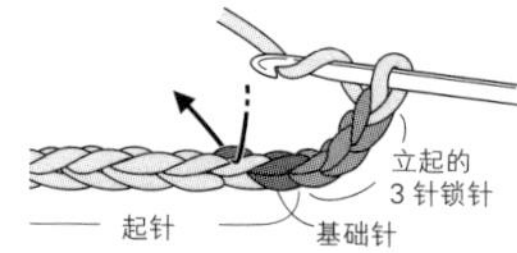

立起的
3 针锁针
起针
基础针

1 钩好 3 针锁针后，在钩针上绕线插入起针行的里山中。

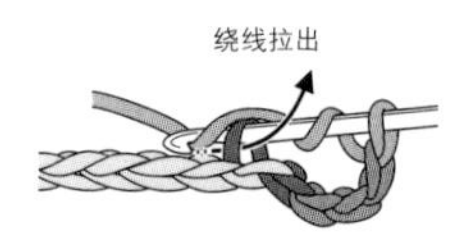

绕线拉出

2 钩针上绕线按照箭头方向拉出。

3 拉至 2 针锁针的高度。

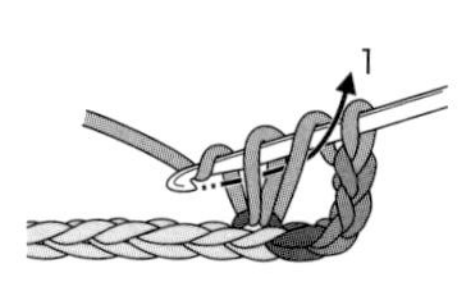

1

4 钩针上绕线按照箭头方向一次性从 2 个线圈中拉出。

2

5 再一次在钩针上绕线一次性从 2 个线圈中引拔出。

6 长针完成。

长长针

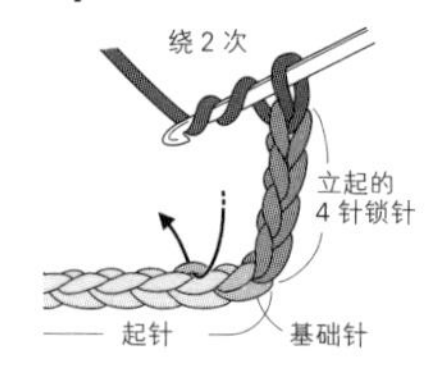

绕 2 次
立起的
4 针锁针
起针
基础针

1 在钩针上绕 2 次线后，插入起针行的里山中。

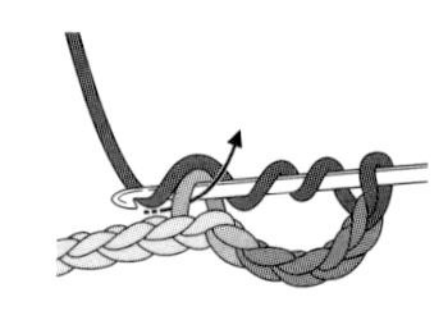

2 钩针上绕线按照箭头方向拉出。

3 拉至 2 针锁针的高度。

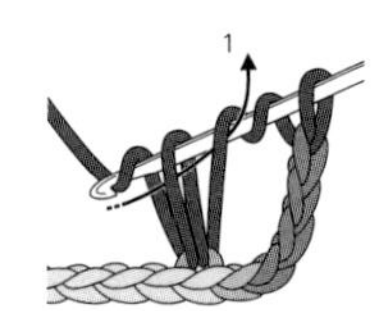

1

4 再一次在钩针上绕线一次性从 2 个线圈中拉出。

2

5 再一次在钩针上绕线一次性从 2 个线圈中拉出。

3

6 再一次在钩针上绕线一次性从 2 个线圈中引拔出。

7 长长针完成。

三卷长针

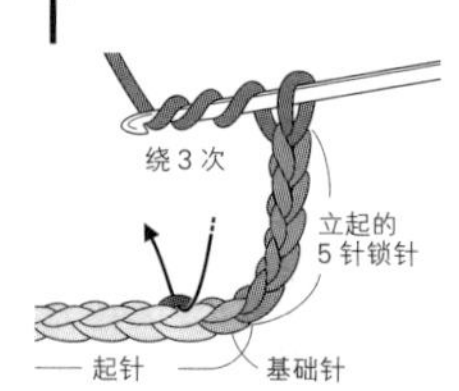

绕 3 次
立起的
5 针锁针
起针
基础针

1 钩针上绕 3 次线后，将针插入起针行的里山中。

2 钩针上绕线按照箭头方向拉出。

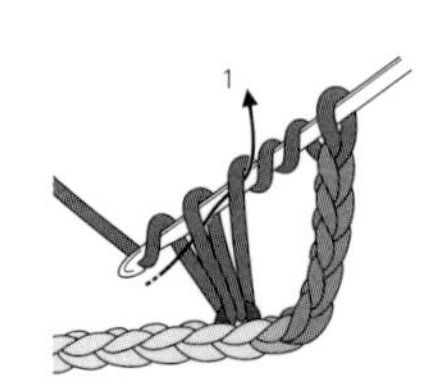

1

3 拉至 2 针锁针的高度。钩针上绕线，按照箭头方向一次性从 2 个线圈中拉出。

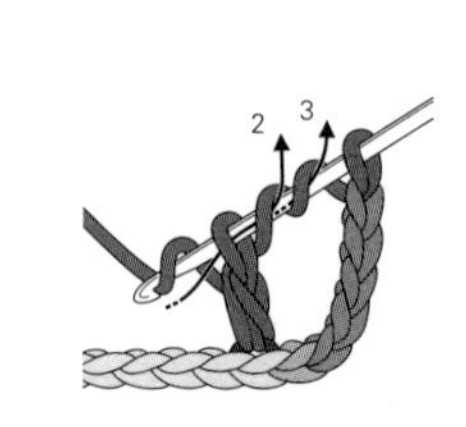

2
3

4 重复2次"钩针上绕线，一次性从2个线圈中拉出"。

4

5 再一次钩针上绕线，一次性从2个线圈中引拔出。

6 三卷长针完成。

短针1针放2针（加针）

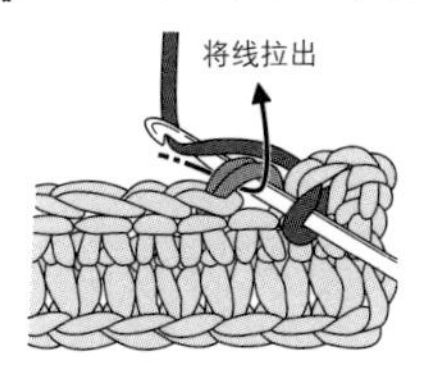
将线拉出

1 将钩针插入上面 2 根线中，绕线拉出。

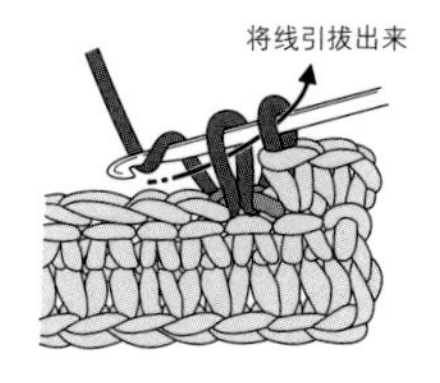
将线引拔出来

2 拉至 1 针锁针的高度，再一次绕线引拔。

在同一
位置插
入钩针

3 再一次将钩针插入同一位置。

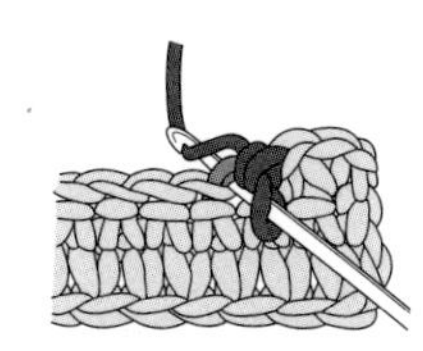

4 在钩针上绕线引拔，钩织短针。

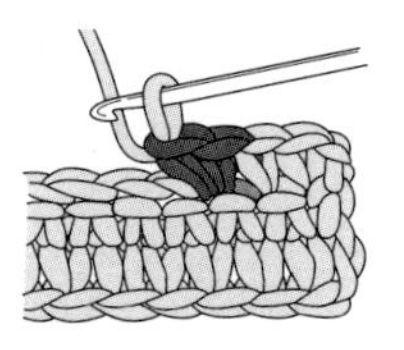

5 在同一针目里钩出来 2 针（加了 1 针）。

2针短针并1针

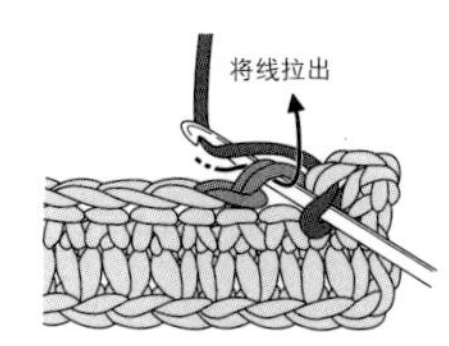
将线拉出

1 将钩针插入头上的 2 根线中，绕线拉出。

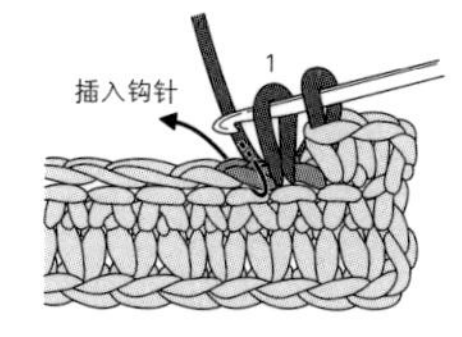
插入钩针
1

2 拉至 1 针锁针的高度（未完成的短针），下面的 1 针也是将钩针插入头上的 2 根线中。

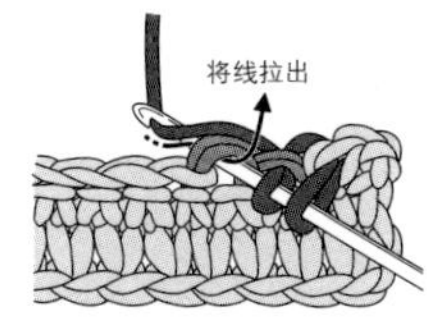
将线拉出

3 绕线，拉至 1 针锁针的高度。

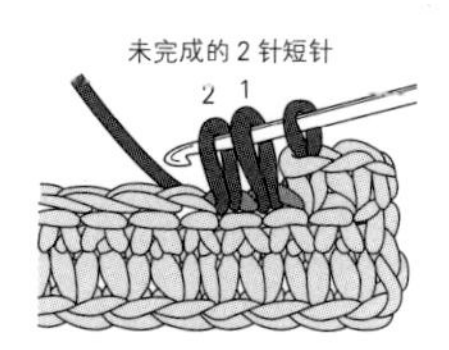
未完成的 2 针短针
2 1

4 未完成的 2 针短针的效果。

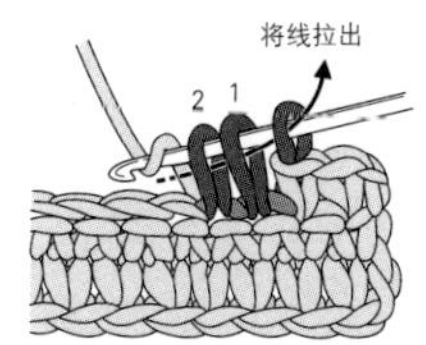
将线拉出
2 1

5 在针上绕线，一次性地引拔穿过钩针上的 3 个线圈（2 针并作了 1 针）。

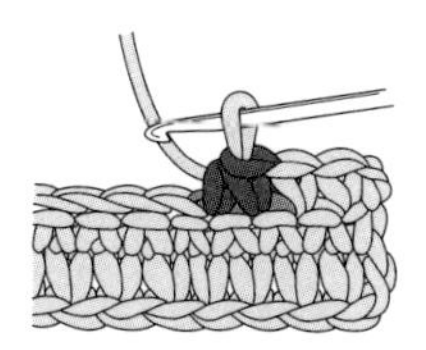

6 2 针短针并 1 针完成。

长针1针放2针（在同一针目里钩织）

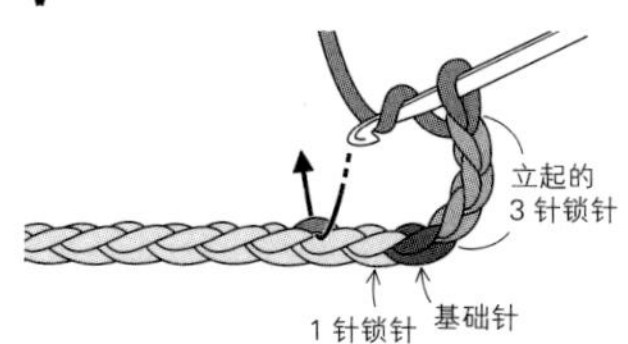
立起的
3 针锁针
1 针锁针
基础针

1 针上绕线，挑取锁针的里山（或者上 1 行的针目），钩织长针。

1 2

2 再一次针上绕线插入同一针目中编织长针。

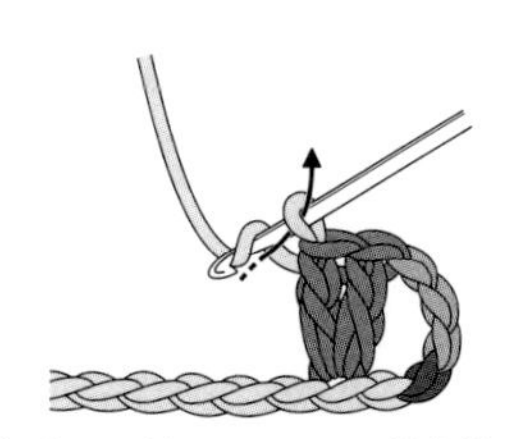

3 在同一针目里织入了 2 针长针。增加了 1 针。

长针 1 针放 2 针（整段挑起钩织）

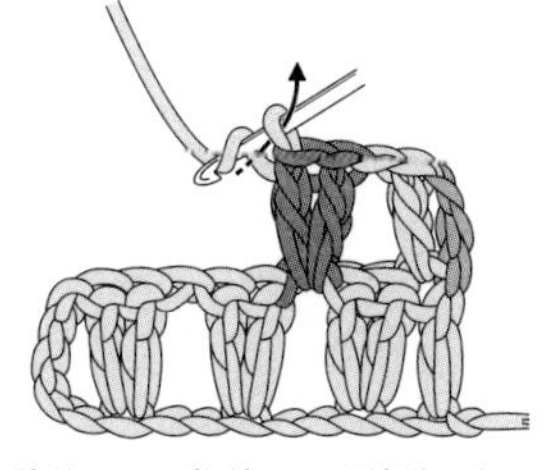

尾部有间隙的话，要将前 1 行的锁针全都挑取（整段挑取）钩织。

2针长针并1针

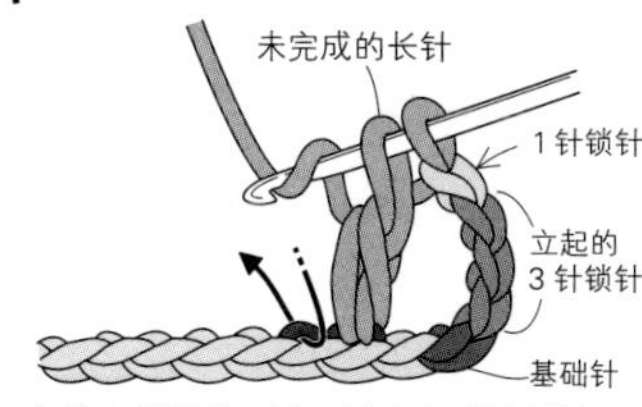
未完成的长针
1 针锁针
立起的
3 针锁针
基础针

1 在前 1 行挑针，钩 1 针未完成的长针。

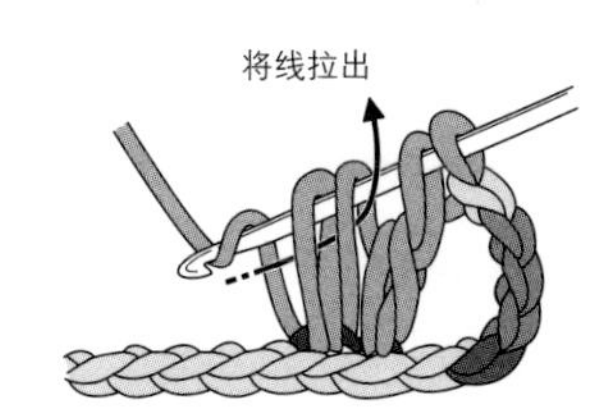
将线拉出

2 下面的 1 针也钩织 1 针未完成的长针。

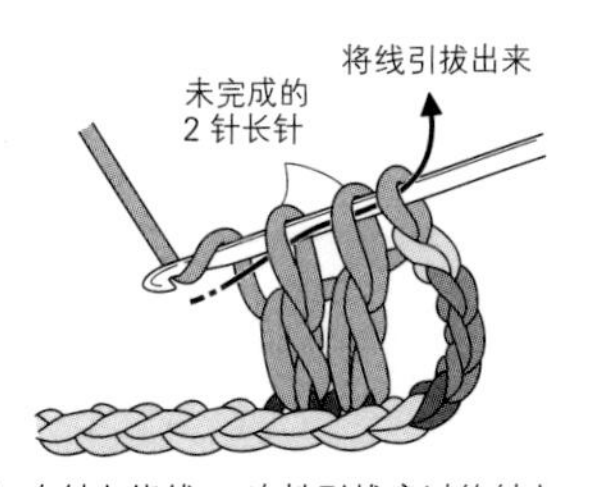
将线引拔出来
未完成的
2 针长针

3 在针上绕线，一次性引拔穿过钩针上的 3 个线圈。

4 2 针长针并 1 针完成。减少了 1 针的效果。

5针长针的贝壳针（整段挑起钩织）

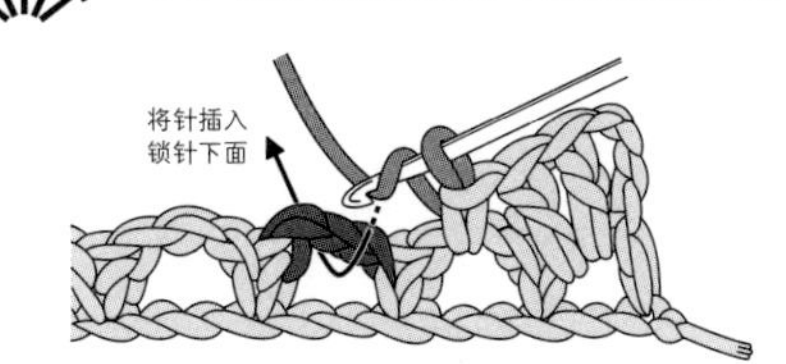
将针插入
锁针下面

1 钩针上绕线后，插入前 1 行锁针下面。

2
3
4
5

2 钩织 5 针长针。

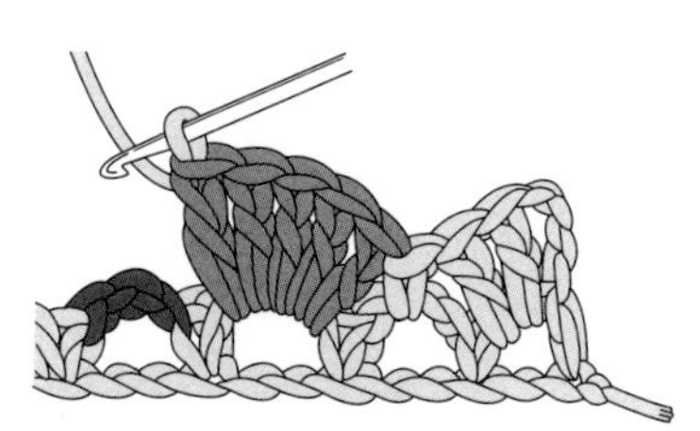

3 5 针长针的贝壳针完成。

 3针长针的枣形针

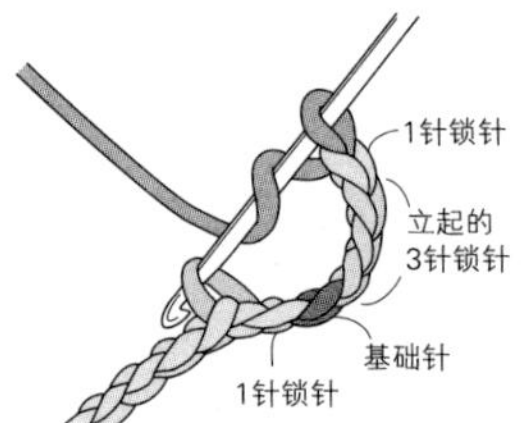
1针锁针
立起的
3针锁针
基础针
1针锁针

1 钩针上绕线，插入锁针的里山中。

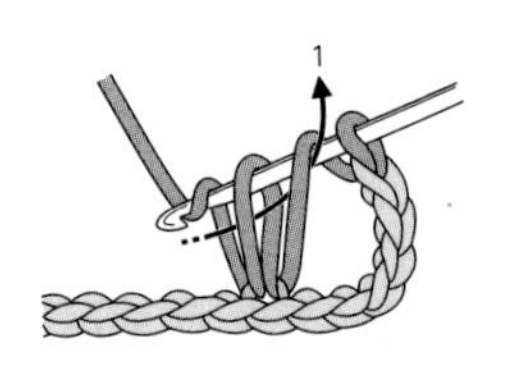
1

2 拉至2针锁针的高度后，针上绕线引拔穿过2个线圈（未完成的长针）。

2
3

3 在同一针目里再钩织2针未完成的长针。

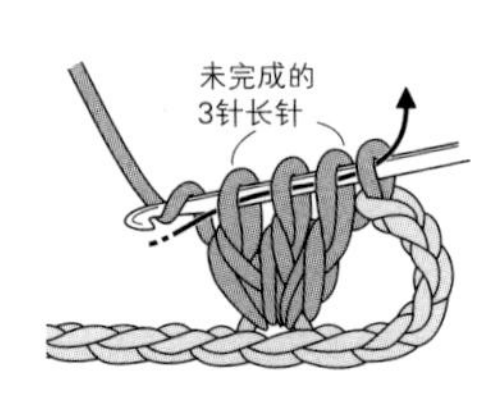
未完成的
3针长针

4 针上绕线一次性引拔穿过钩针上的4个线圈。

5 3针长针的枣形针完成。

 5针长针的爆米花针（整段挑取）

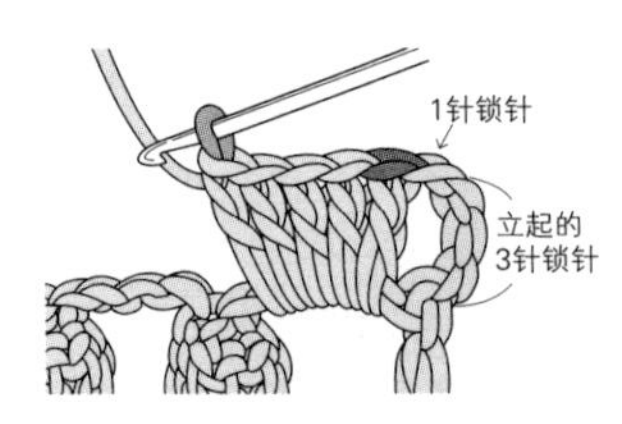
1针锁针
立起的
3针锁针

1 整段挑取前1行的锁针钩织5针长针。

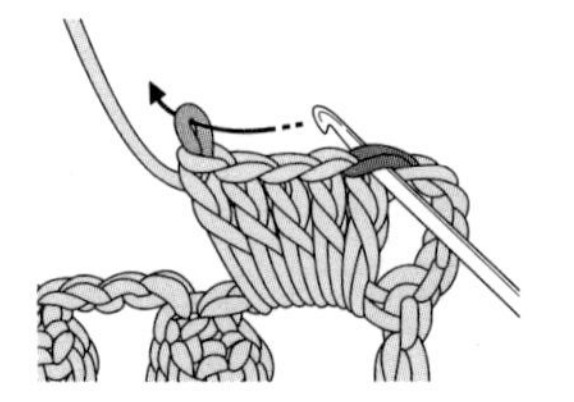

2 暂时将钩针抽出，重新插入第1针长针的前面线圈中。

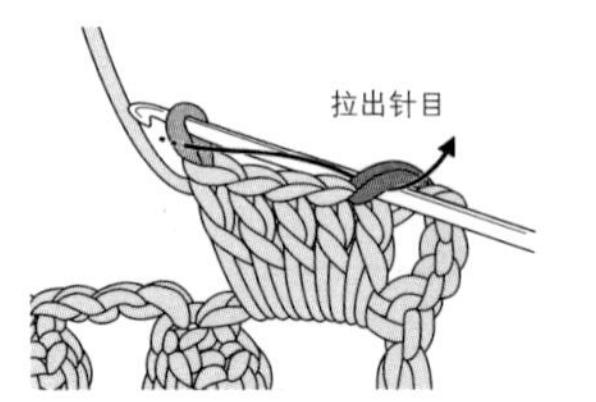
拉出针目

3 按照箭头方向拉出。

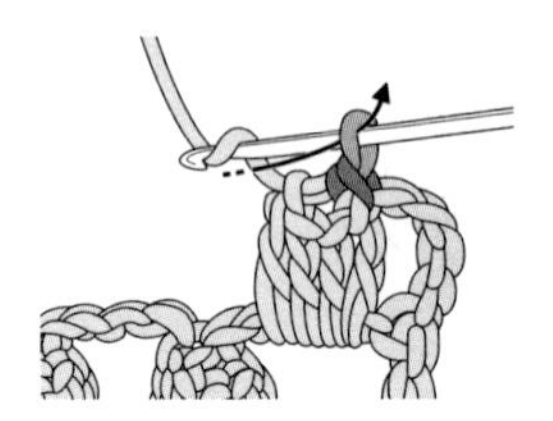

4 钩好1针锁针后拉紧。这样就固定了。

 3针锁针的狗牙拉针（在短针上钩织）

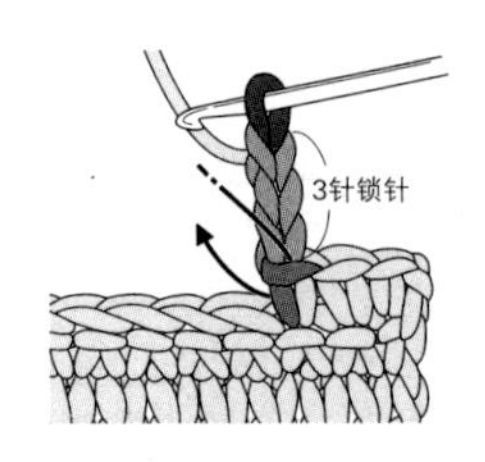
3针锁针

1 短针上接着钩3针锁针，在短针头上的半针和尾部的半针的位置入针。

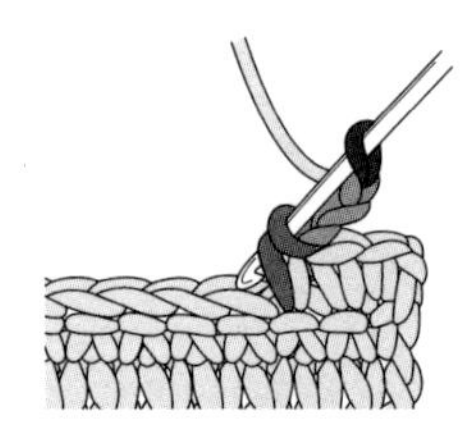

2 插入钩针后的情形。

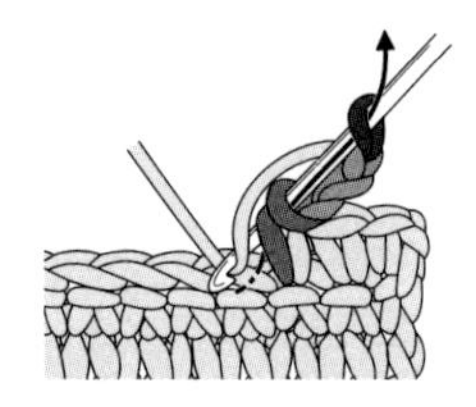

3 钩针绕线，按照箭头方向一次性引拔出来。

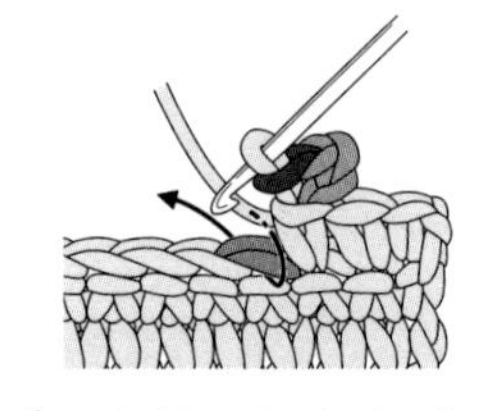

4 3针锁针的狗牙拉针完成。

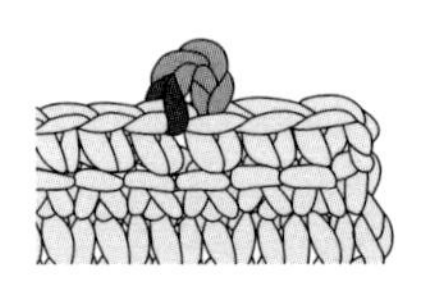

5 接着钩织短针的效果。

 3针锁针的狗牙拉针（在锁针上编织）

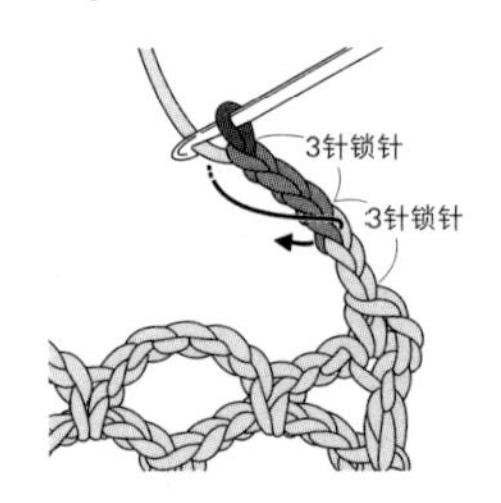
3针锁针
3针锁针

1 锁针上接着钩3针锁针后，钩针插入下面3针锁针最上面锁针半针和里山中。

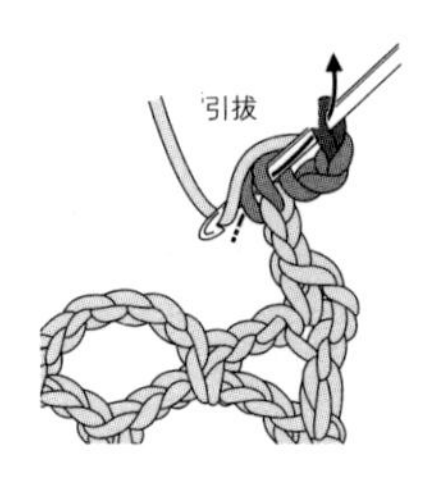
引拔

2 钩针上绕线引拔。

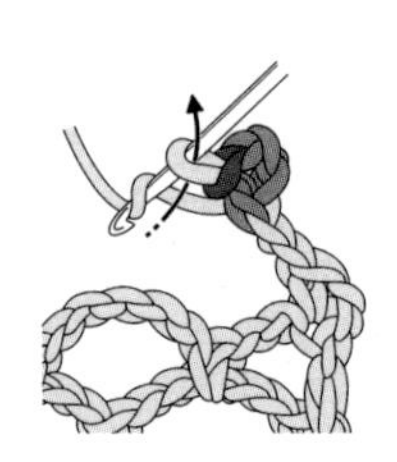

3 在钩织锁针时，完成"3针锁针的狗牙拉针"。

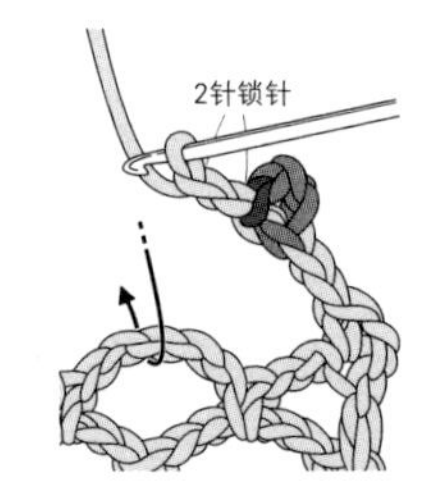
2针锁针

4 接着钩织锁针和短针。

钉缝

卷针钉缝

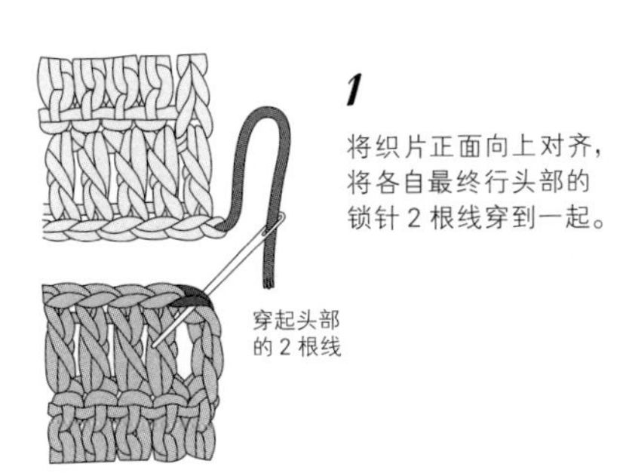

穿起头部
的 2 根线

1 将织片正面向上对齐，将各自最终行头部的锁针 2 根线穿到一起。

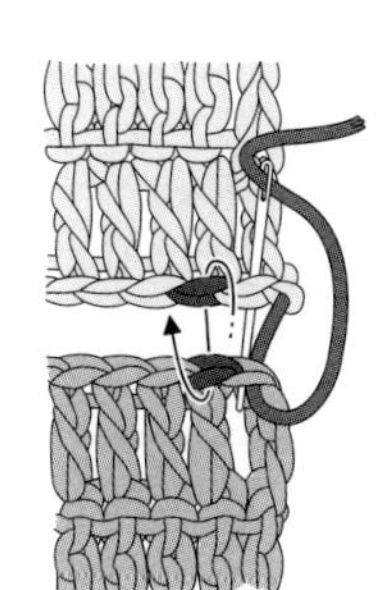

2 缝衣针按照同样的方向插入，一针一针地钉缝。钉缝的线可以看到，所以每一针的线都要均匀。

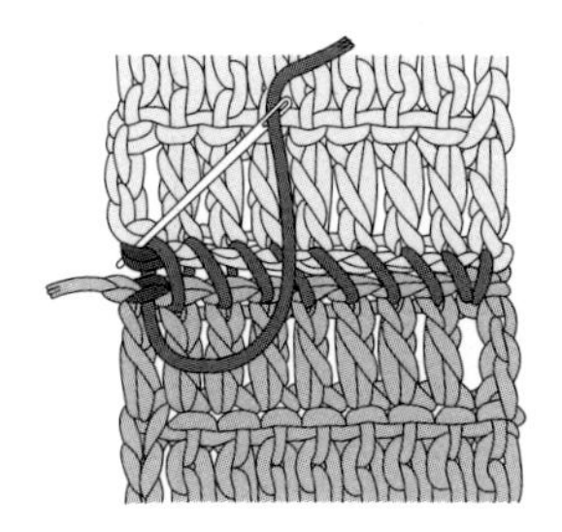

3 缝最后 1 针时，多穿一两次以固定住，在里侧藏好线头。

引拔针钉缝

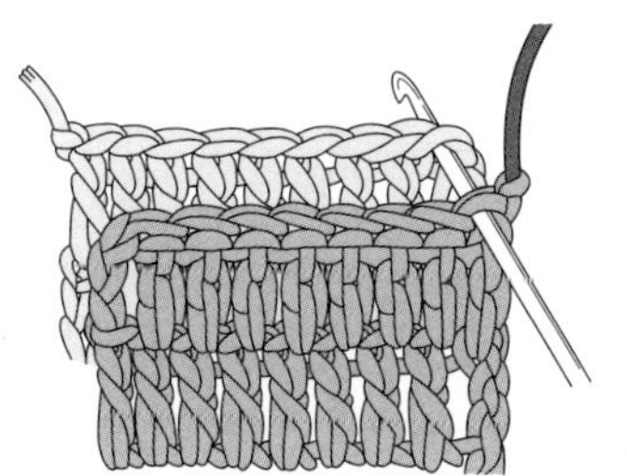

1 将 2 片织片正面相对重叠，挑取最终行头部的 2 根线，插入钩针。

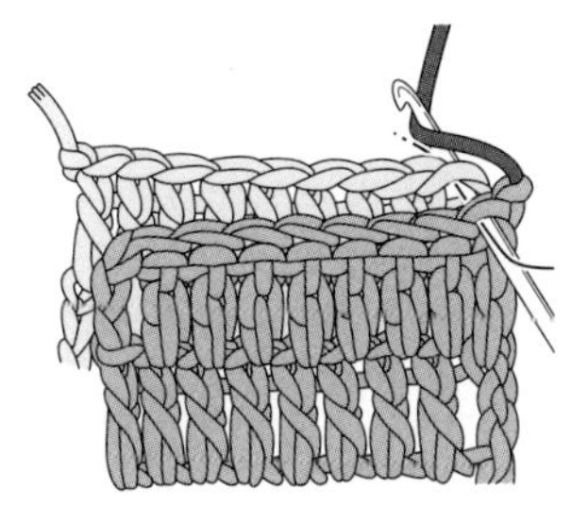

2 在钩针上绕线拉出（如果只有一片是完成的线直接钉缝也可以）。

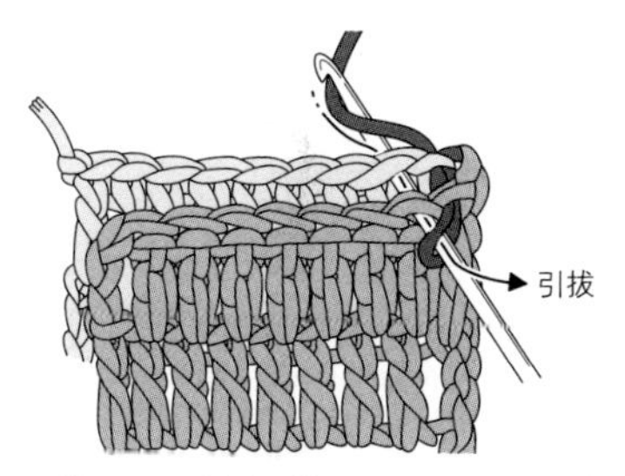

引拔

3 一针一针地引拔。

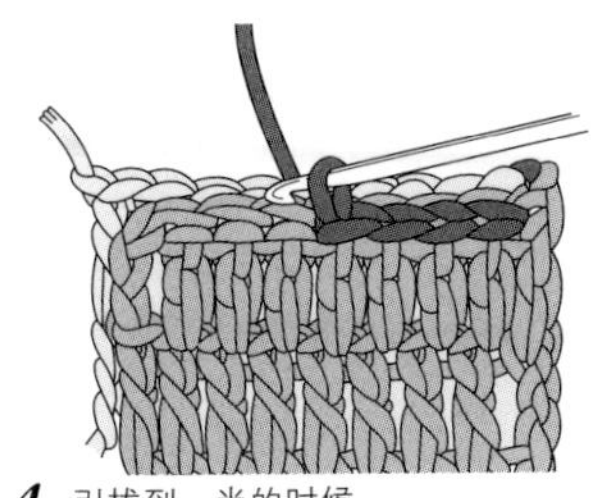

4 引拔到一半的时候。

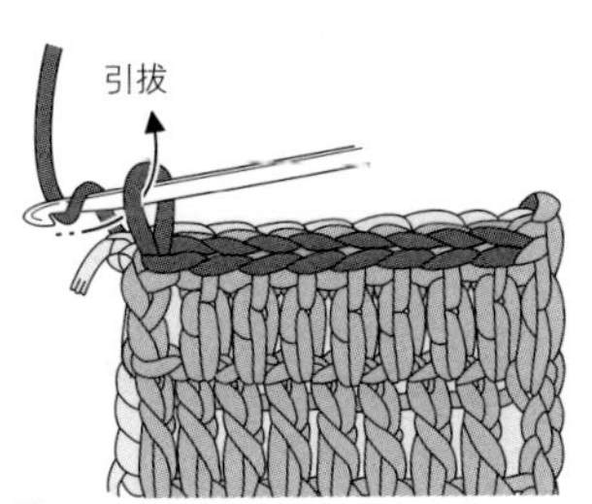

引拔

5 钉缝后再一次绕线引拔，拉紧这一针。

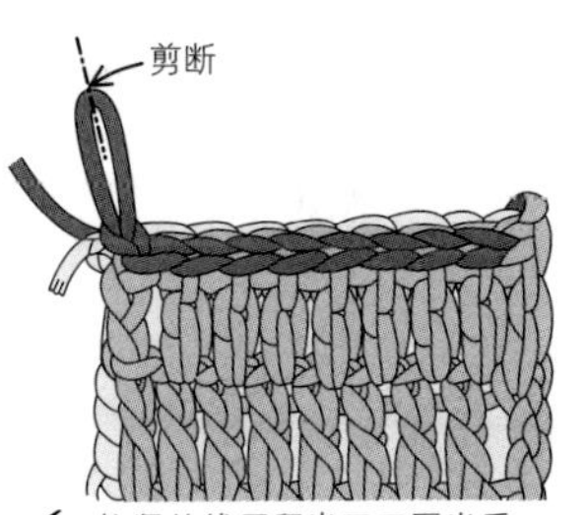

剪断

6 拉紧的线尾留出三四厘米后剪断。

引拔针的锁针钉缝

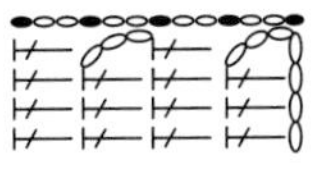

1 将 2 片织片正面相对重叠，在顶端的起针锁针中插入钩针，绕线引拔。

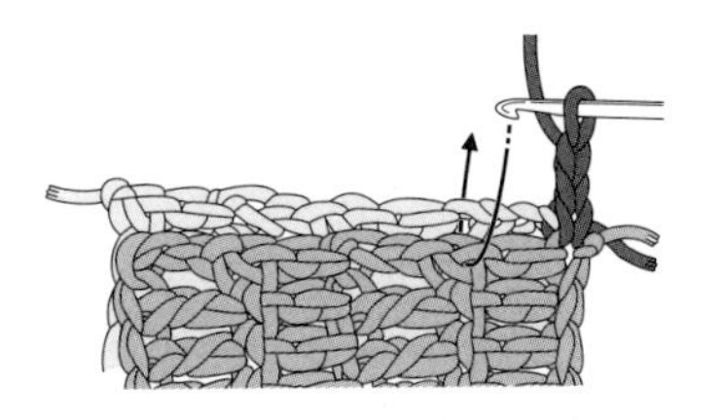

2 接着在和锁针（此为 2 针锁针）同样长度的位置钩织引拔针。

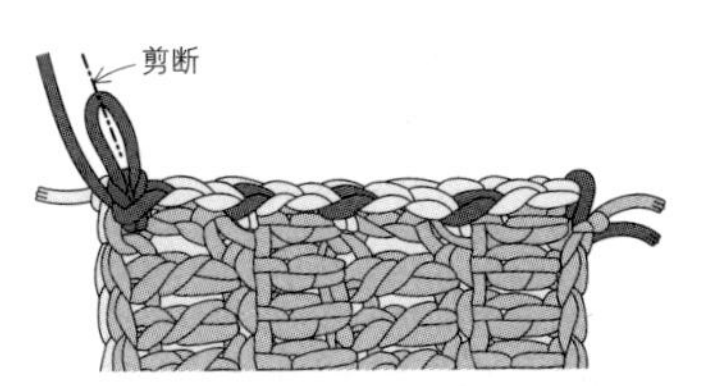

剪断

3 重复钩织2针锁针和1针引拔针。钉缝完最后1针后再一次绕线引拔，将线剪断。

Basics
棒针编织基础

记号图的解读方法

往返编织

正面和反面交替编织出一块平整的织片。箭头向左的行是正面编织，箭头向右的行是反面编织。

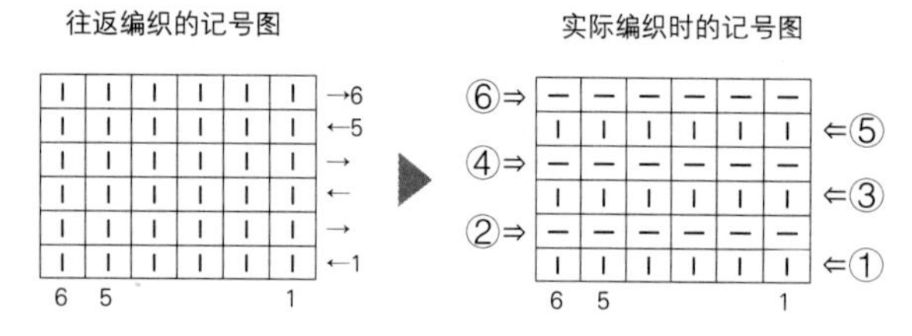

往返编织的记号图

|	|	|	|	|	|	|	→6
|	|	|	|	|	|	|	←5
|	|	|	|	|	|	|	→
|	|	|	|	|	|	|	←
|	|	|	|	|	|	|	→
|	|	|	|	|	|	|	←1
6	5					1	

实际编织时的记号图

⑥⇒	—	—	—	—	—	—	—	
	|	|	|	|	|	|	|	⇐⑤
④⇒	—	—	—	—	—	—	—	
	|	|	|	|	|	|	|	⇐③
②⇒	—	—	—	—	—	—	—	
	|	|	|	|	|	|	|	⇐①
	6	5					1	

环形编织

只看织片正面一直织的筒状编织。按照记号图，每一行都是同一个方向编织。

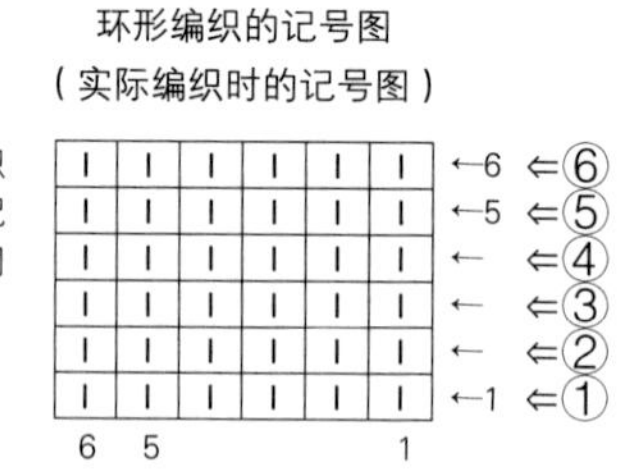

环形编织的记号图
（实际编织时的记号图）

|	|	|	|	|	|	|	←6	⇐⑥
|	|	|	|	|	|	|	←5	⇐⑤
|	|	|	|	|	|	|	←	⇐④
|	|	|	|	|	|	|	←	⇐③
|	|	|	|	|	|	|	←	⇐②
|	|	|	|	|	|	|	←1	⇐①
6	5					1		

手指绕线起针

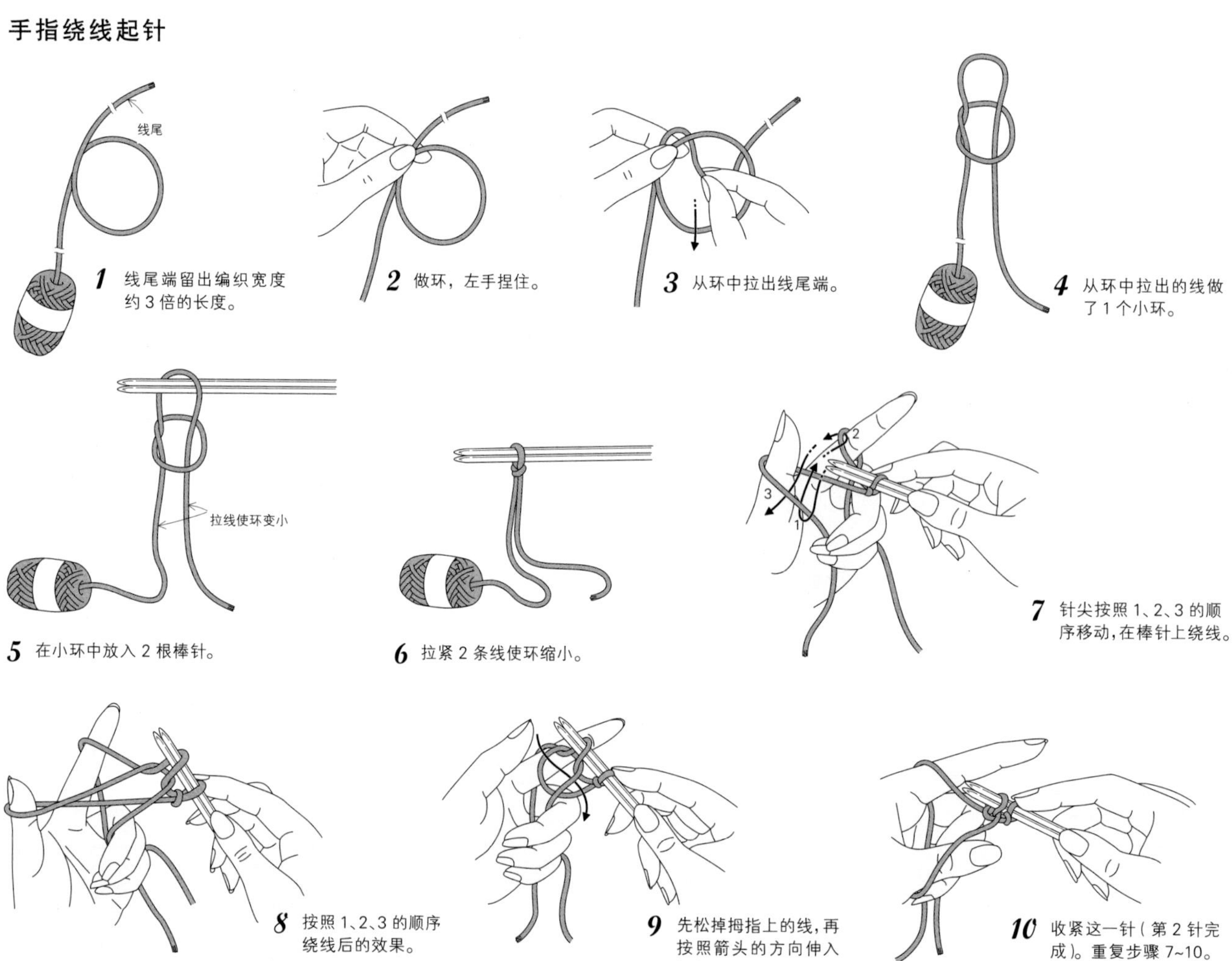

线尾
拉线使环变小
1
2
3

1 线尾端留出编织宽度约 3 倍的长度。

2 做环，左手捏住。

3 从环中拉出线尾端。

4 从环中拉出的线做了 1 个小环。

5 在小环中放入 2 根棒针。

6 拉紧 2 条线使环缩小。

7 针尖按照 1、2、3 的顺序移动，在棒针上绕线。

8 按照 1、2、3 的顺序绕线后的效果。

9 先松掉拇指上的线，再按照箭头的方向伸入拇指。

10 收紧这一针（第 2 针完成）。重复步骤 7~10。

11 起针完成（织出必要的针数）。

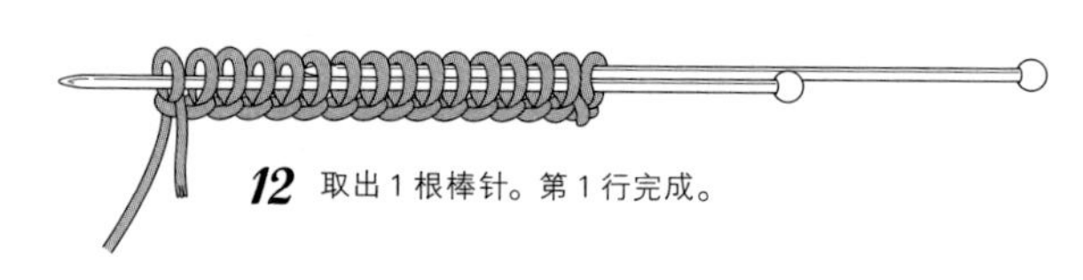

12 取出 1 根棒针。第 1 行完成。

下针

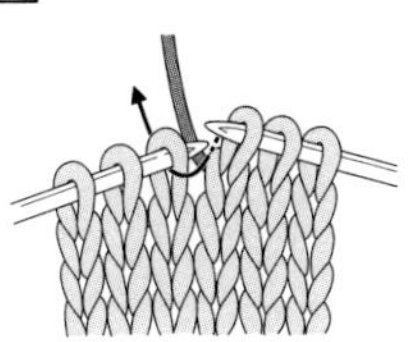

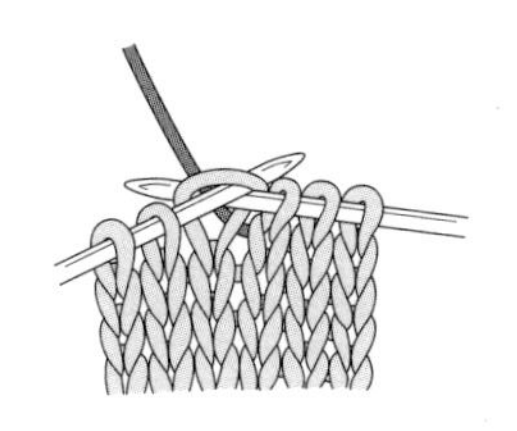

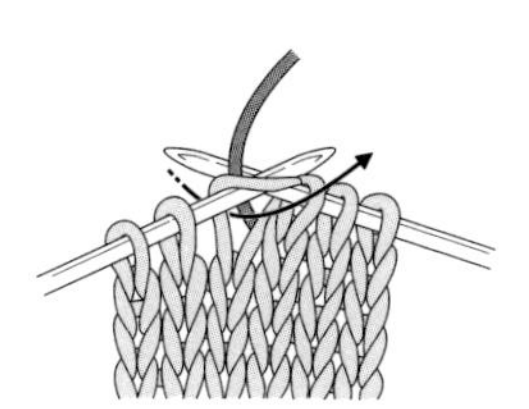

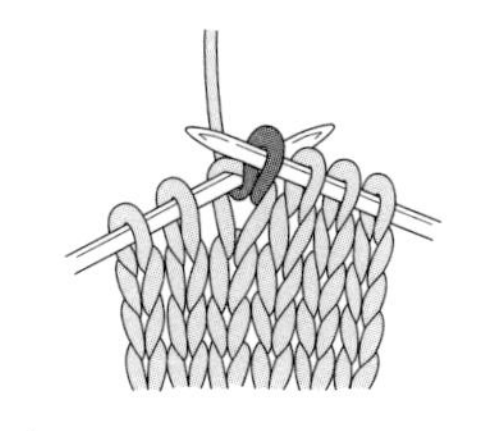

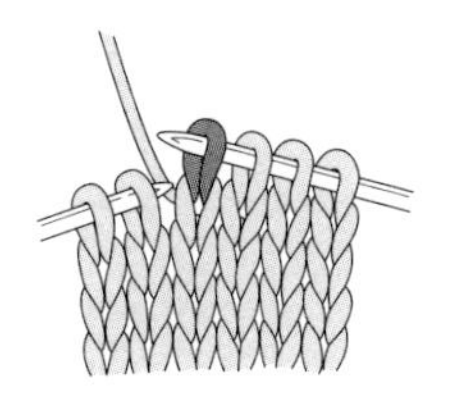

1 线放到对面，右棒针从面前插入。

2 右棒针插入的位置。在右棒针上绕线。

3 按照箭头指示从面前拉出。

4 右棒针将线拉出后，左棒针向后退出这一针。

5 下针完成。

上针

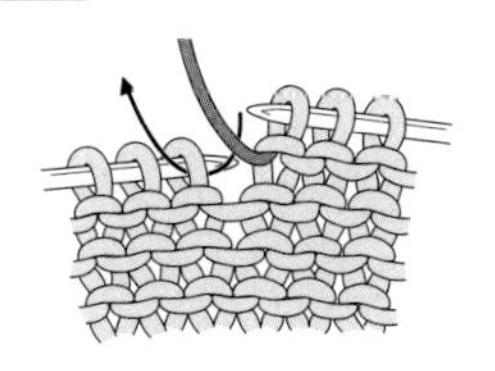

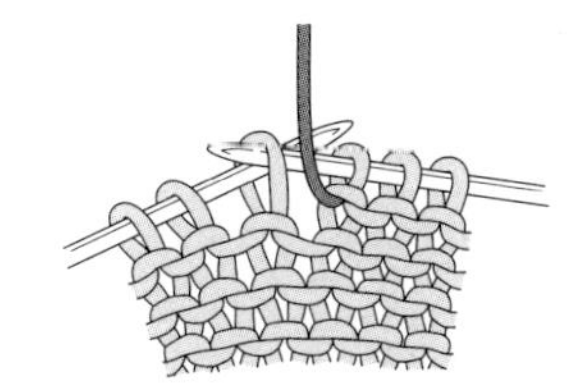

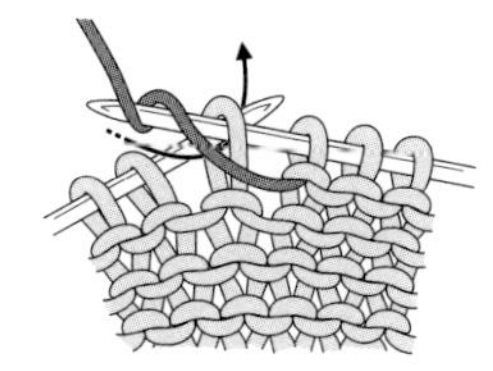

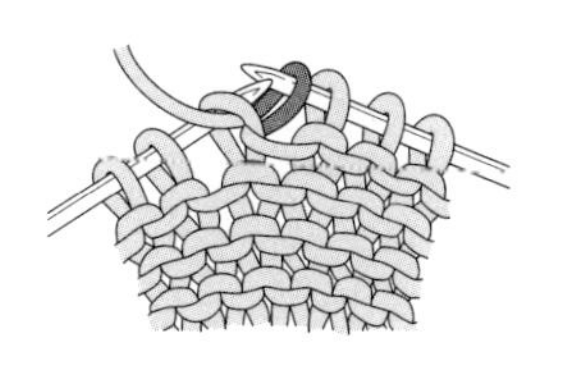

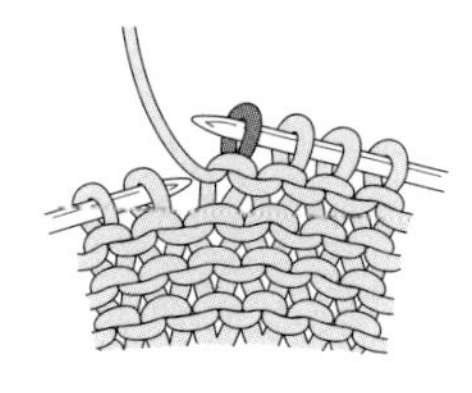

1 线放到面前，右棒针也从这一侧插入。

2 右棒针插入的位置。

3 右棒针上绕线按照箭头方向将线拉出。

4 右棒针将线拉出后，左棒针向后退出这一针。

5 上针完成。

（下针） 伏针收针（下针的时候）

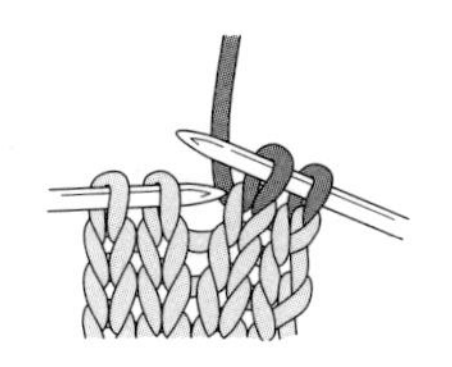

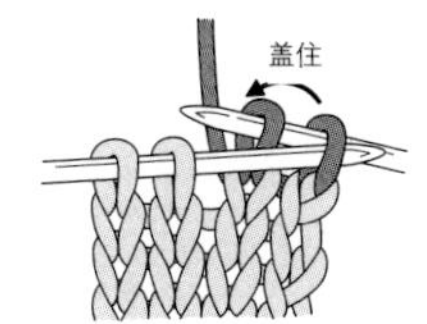
盖住

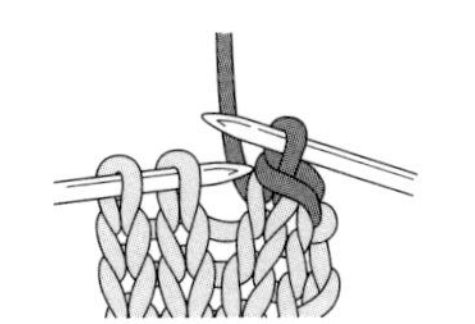

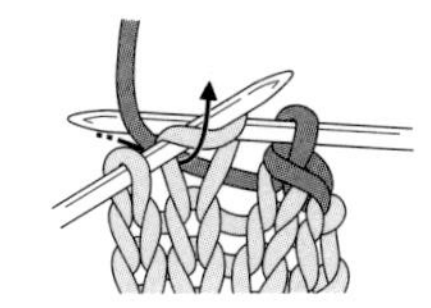

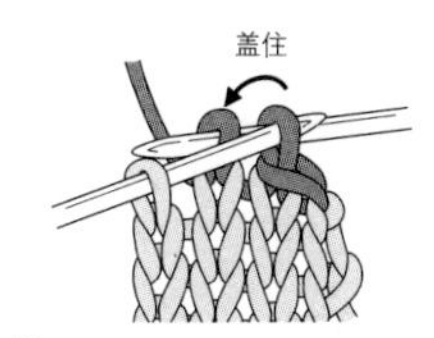
盖住

1 一边织 2 针下针。

2 利用左棒针，用第 1 针将第 2 针盖住。

3 收针完成。

4 接下来织 1 针下针。

5 利用左棒针，用右侧针目将左侧针目盖住。重复步骤 4、5。

左上2针并1针

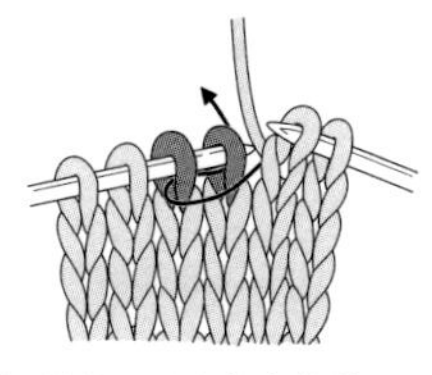

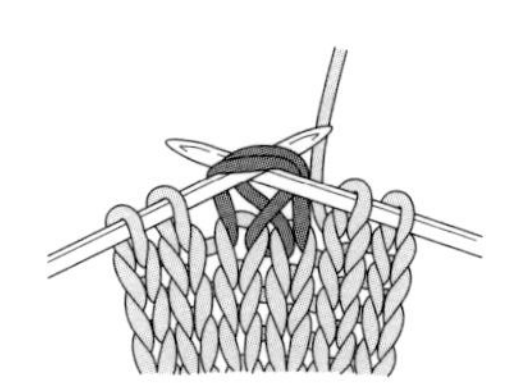

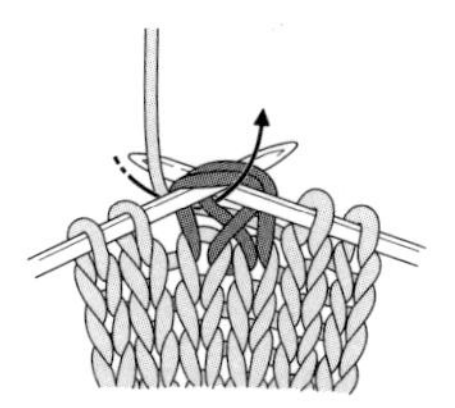

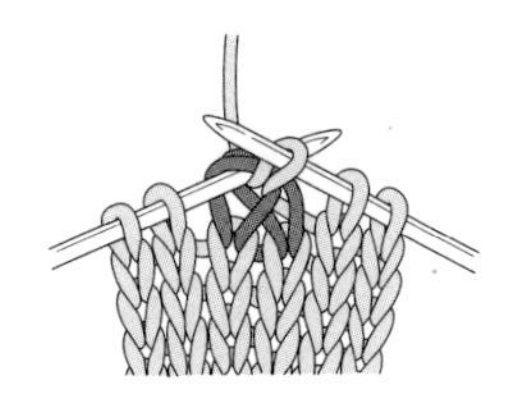

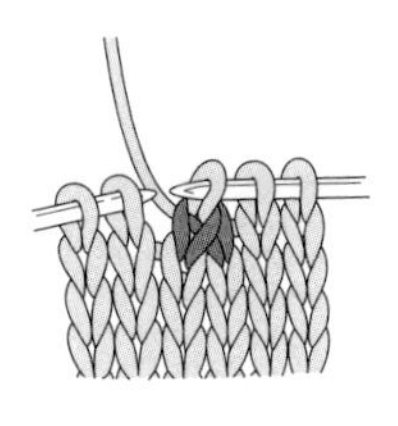

1 按箭头方向将右棒针从 2 针的左边一次性插入。

2 将右棒针从 2 针的左边一次性插入后的效果。

3 绕线拉出，将 2 针一起织为 1 针下针。

4 右棒针绕线拉出后，左棒针向后退出这一针。

5 左上 2 针并 1 针完成。

右上2针并1针

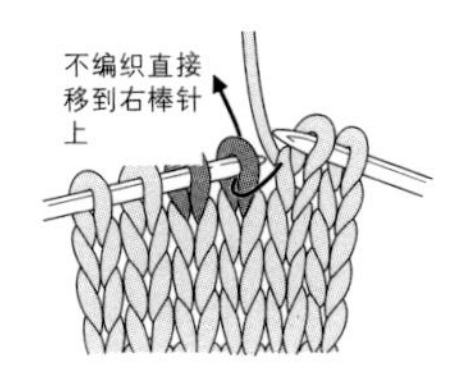
不编织直接
移到右棒针
上

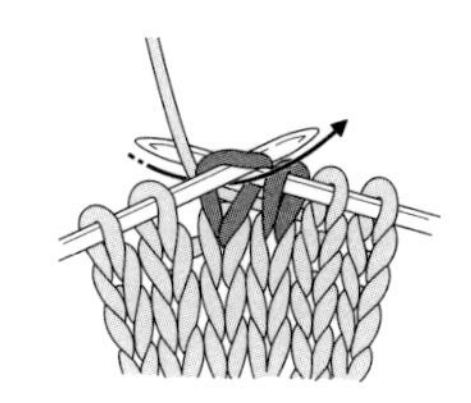

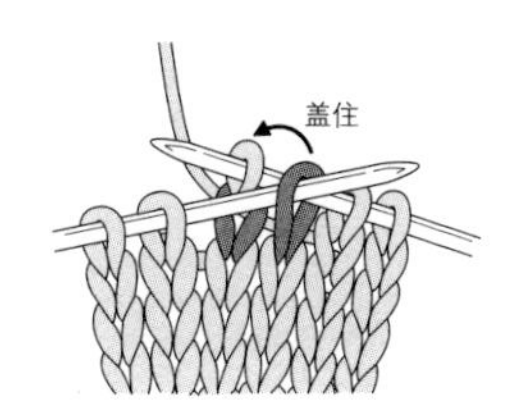
盖住

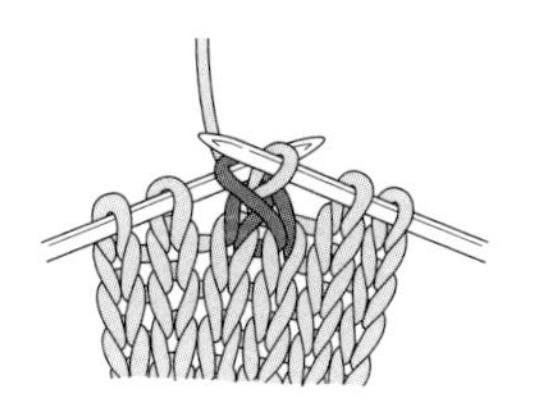

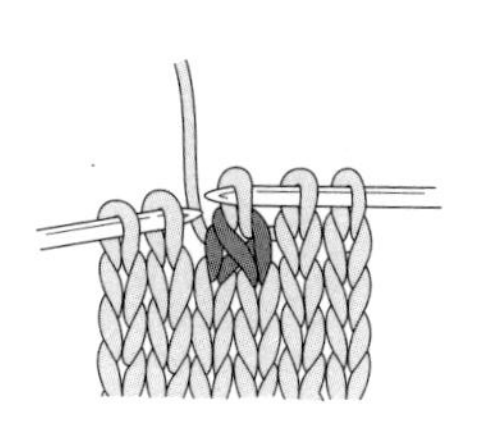

1 右棒针从面前插入,这一针不编织直接移到右棒针上。

2 将右棒针插入左边的针目后，绕线编织下针。

3 将左棒针插入移到右棒针上的针目中，盖住步骤 2 织出的针目。

4 盖住之后，左棒针向后退出这一针。

5 右上 2 针并 1 针完成。

◯ 挂针（空加针）

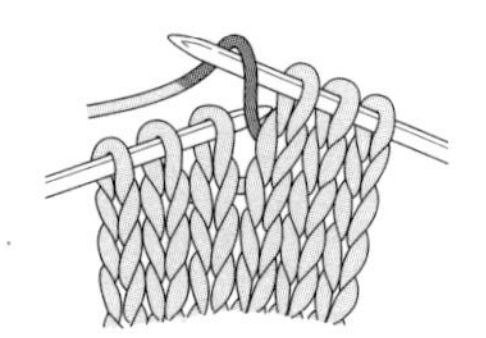
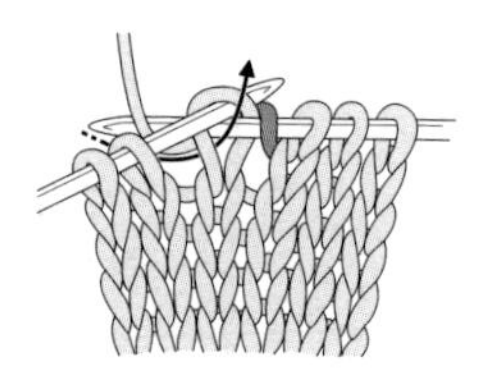
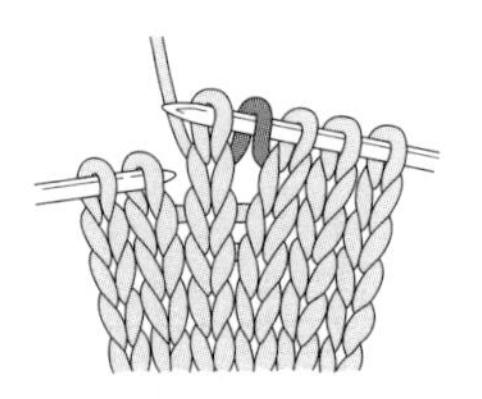
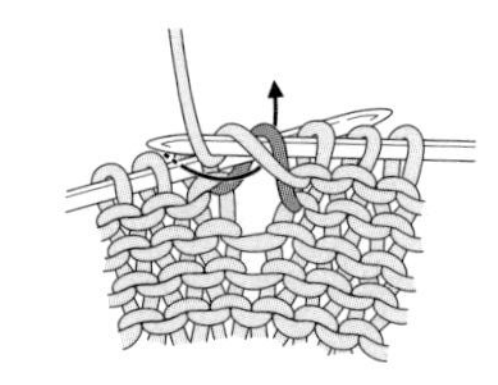
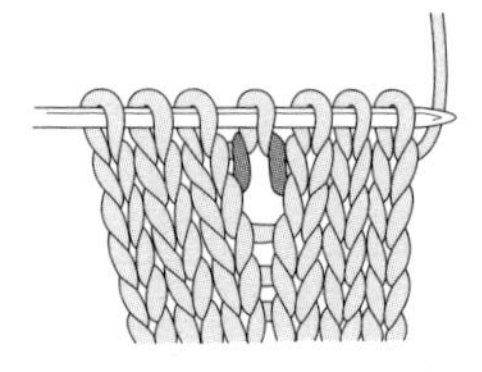

1 将线从前向后绕到右棒针上。

2 接着织 1 针下针。

3 挂针完成。

4 从反面编织挂针的时候，就织 1 针上针。

5 在挂针位置上编织后，从正面看到的效果。

右上3针并1针

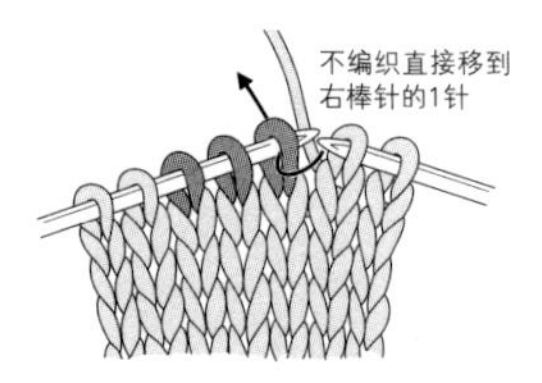
不编织直接移到
右棒针的1针
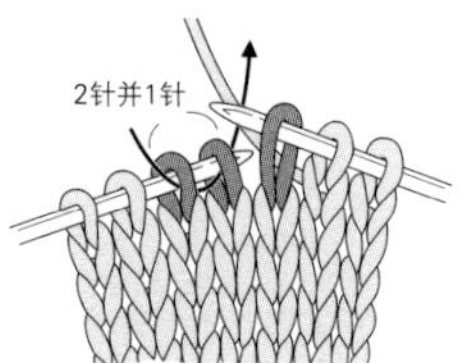
2针并1针
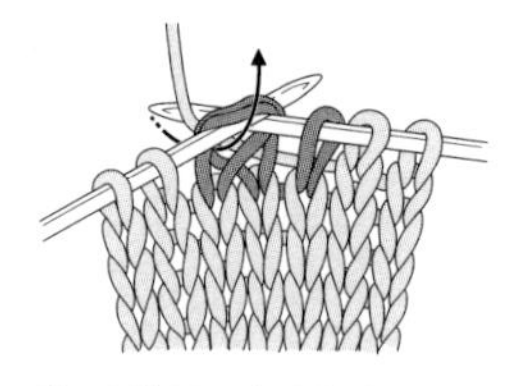
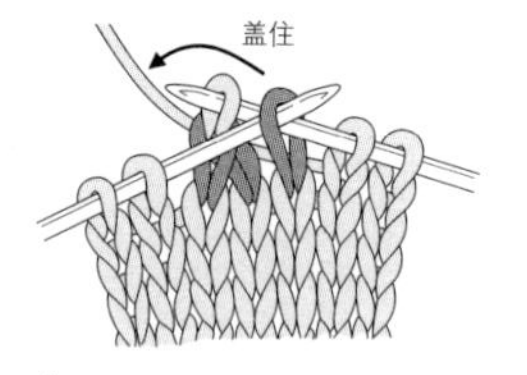
盖住
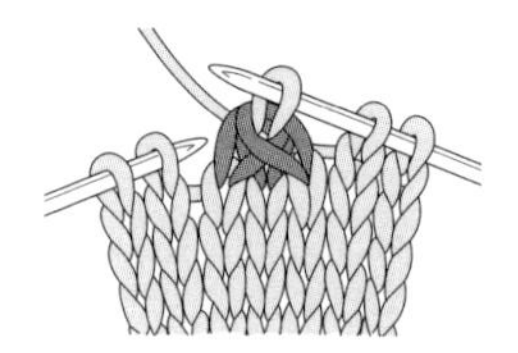

1 右棒针从正面插入第 1 针，不编织直接移到右棒针上。

2 接着按照箭头方向将右棒针插入剩下的 2 针中。

3 右棒针上绕线拉出，将 2 针一起织出 1 针下针。

4 左棒针插入直接被移到右棒针上的针目里，盖住刚刚织出的那针。

5 右上 3 针并 1 针完成。

中上3针并1针

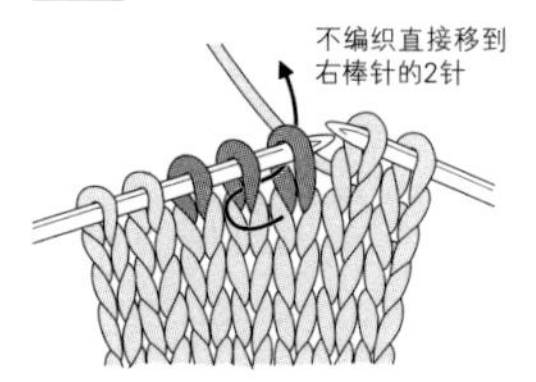
不编织直接移到
右棒针的2针
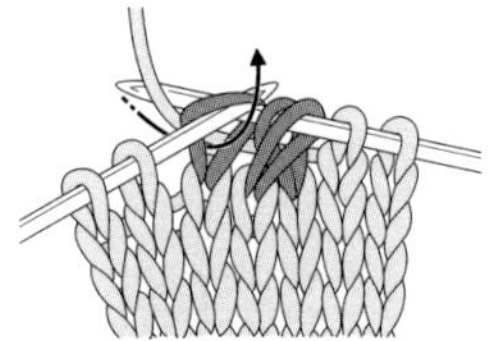
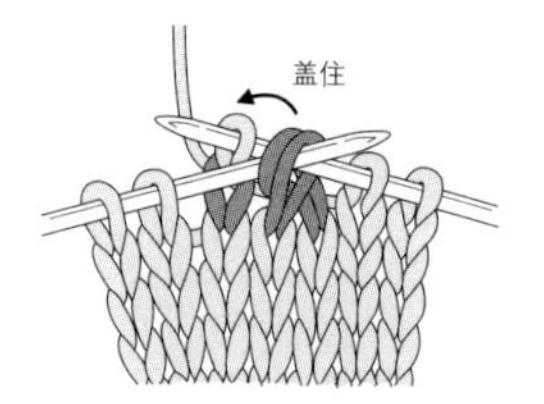
盖住
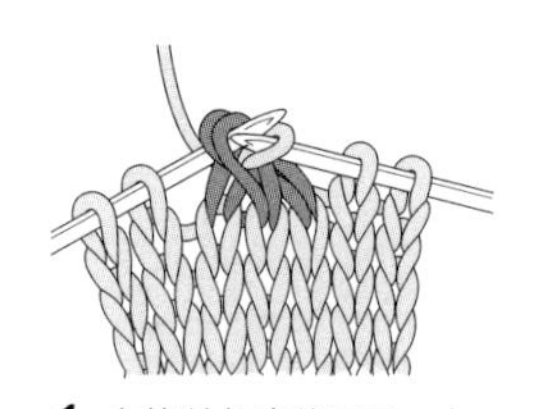
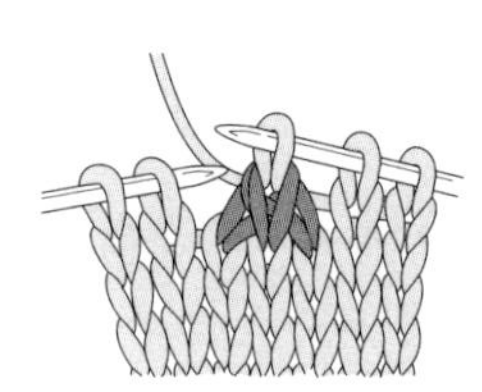

1 将右棒针按箭头方向插入右边的 2 针中，不编织直接移到右棒针上。

2 右棒针插入第 3 针中，绕线拉出，编织 1 针下针。

3 左棒针插入移到右棒针的那 2 针中，盖住刚刚织好的 1 针。

4 右棒针拉出线圈后，左棒针向后退出这一针。

5 中上 3 针并 1 针完成。

卷加针

[右侧]

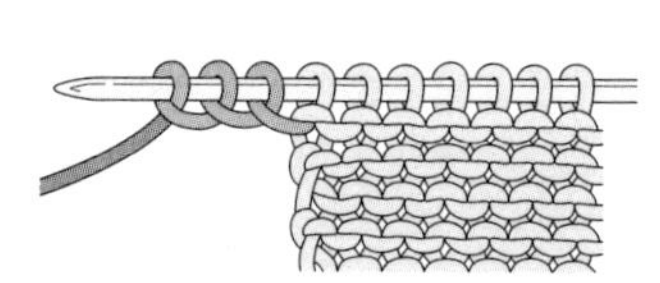
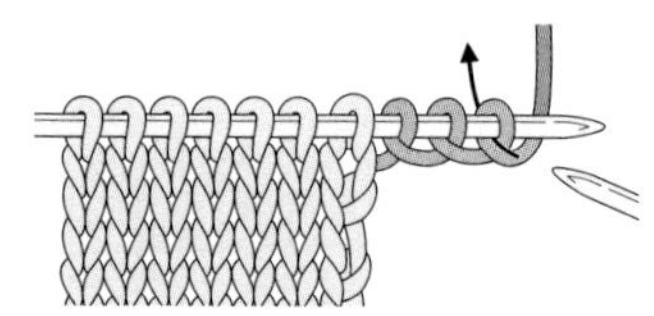
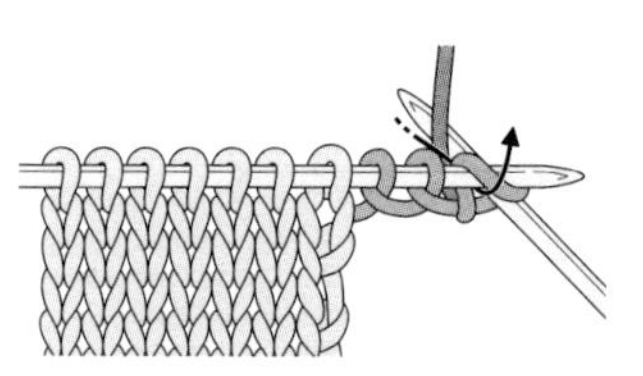

1 将棒针插入食指上挂的线后，抽出手指。

2 重复步骤 1，增加 3 针后的效果。

3 下 1 行按照箭头方向将右棒针插入边端上的针目。

4 编织下针。接下来的也是下针。（继续加针的话，边上的 1 针自然成滑针。）

[左侧]

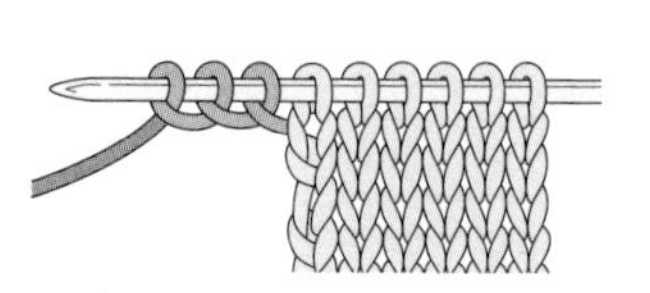
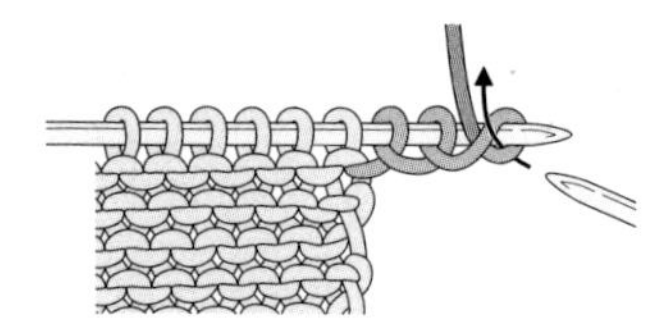
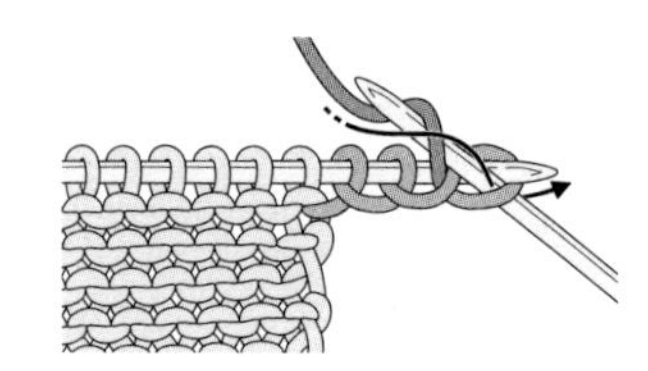

1 将棒针插入食指上挂的线后，抽出手指。

2 重复步骤 1，增加 3 针后的效果。

3 下 1 行按照箭头方向将右棒针插入边端上的针目。

4 编织上针。接下来的也是上针。（继续加针的话，边上的 1 针自然成滑针。）

引拔钉缝

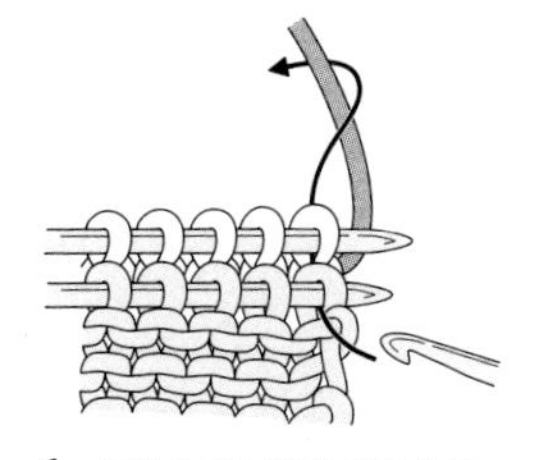

1 左手拿正面相对重叠的2片织片，钩针插入面前的上针和对面的下针中。

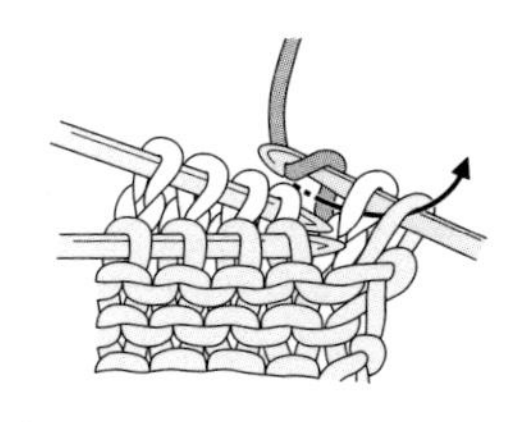

2 在钩针上绕线，2针一起引拔。

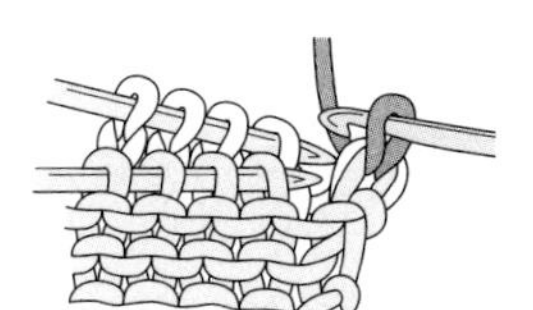

3 引拔后的效果。

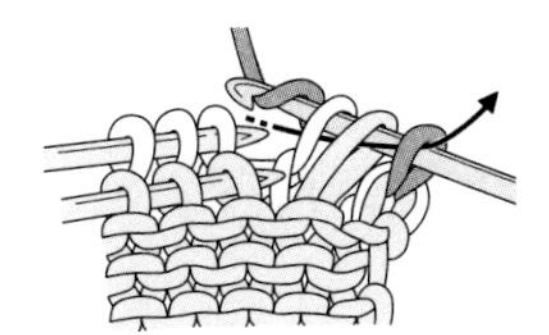

4 接下来的1针也是插入面前和对面的针目里，绕线后一起引拔出来。

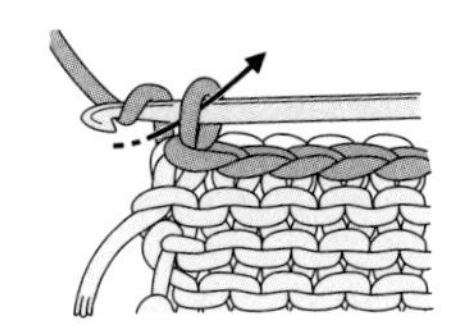

5 重复步骤4。最后1针引拔收针。

盖针钉缝

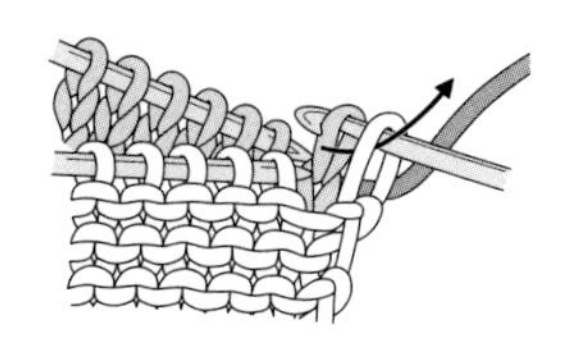

1 将钩针插入面前的上针和对面的下针中，将对面的针目拉出来。

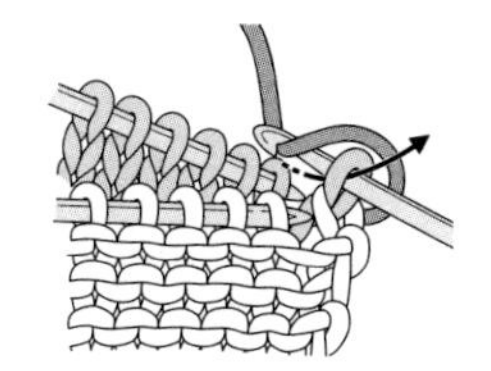

2 钩针上绕线引拔。

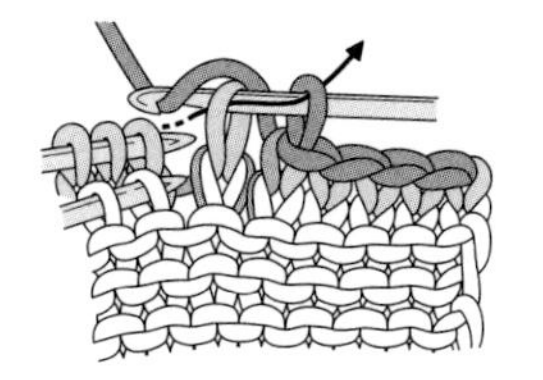

3 重复步骤1、2。

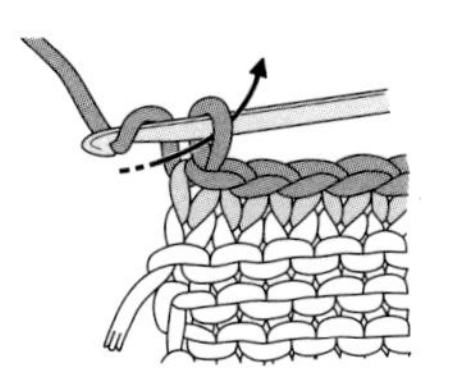

4 最后1针引拔收针。

挑针接缝 [下针编织时]

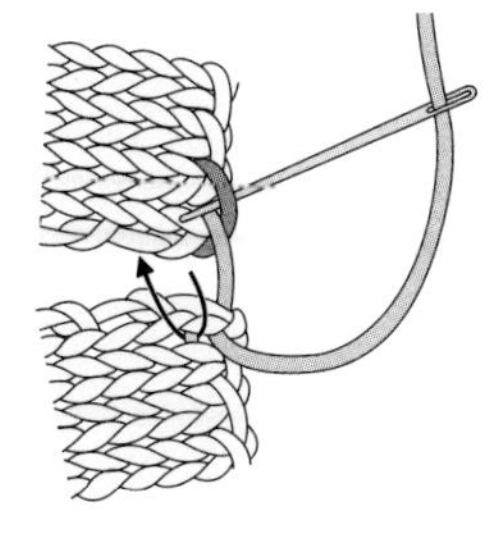

1 2片织片都要从起针线开始接缝。

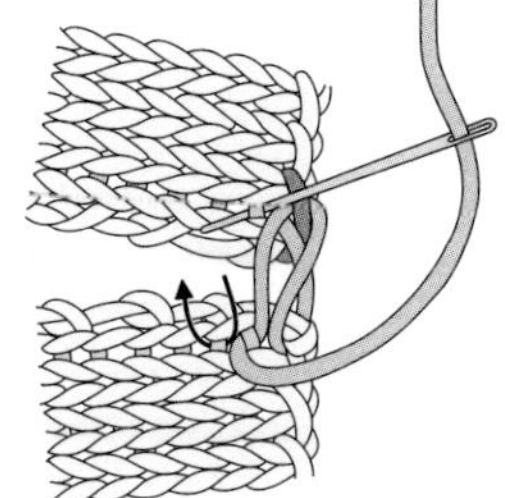

2 横着穿过针内侧的渡线一行一行地交错接缝。

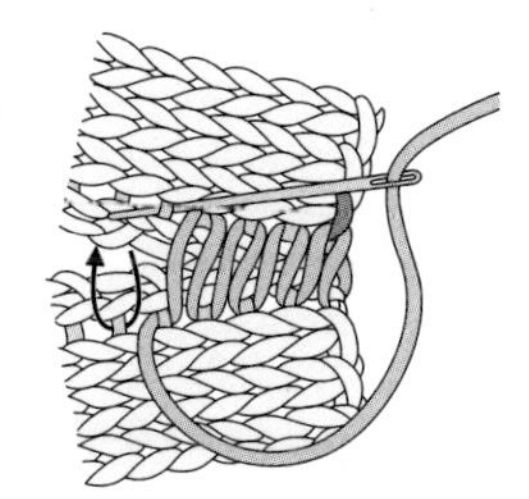

3 边拉紧缝线边挑针接缝。

[上针编织时]

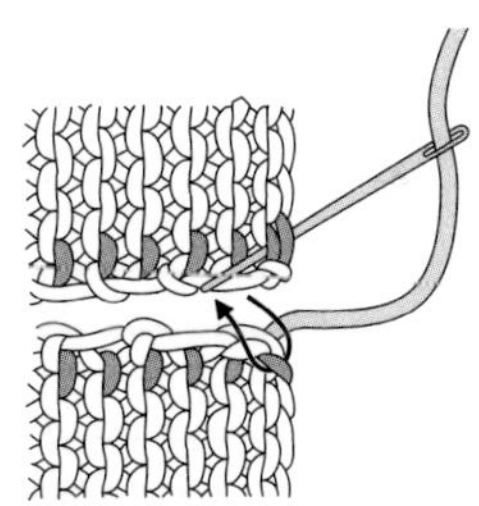

1 2片织片都要从起针线开始接缝。

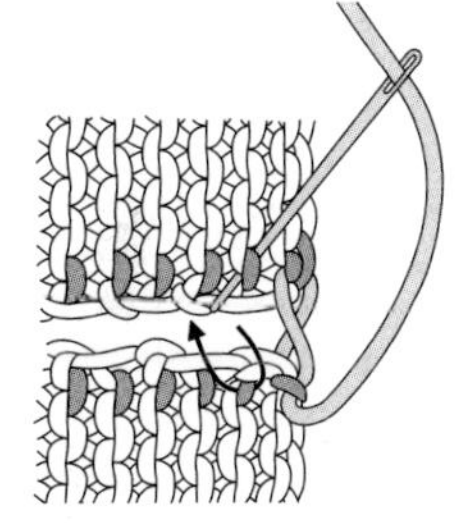

2 横着穿过针内侧的渡线一行一行地交错接缝。

[起伏针编织时（每一行）]

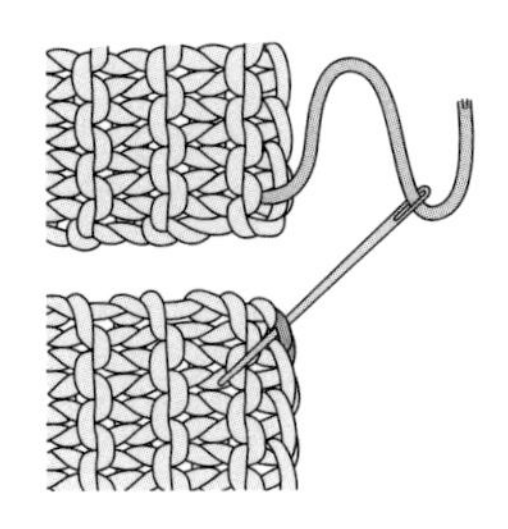

1 将面前的起针线接缝。

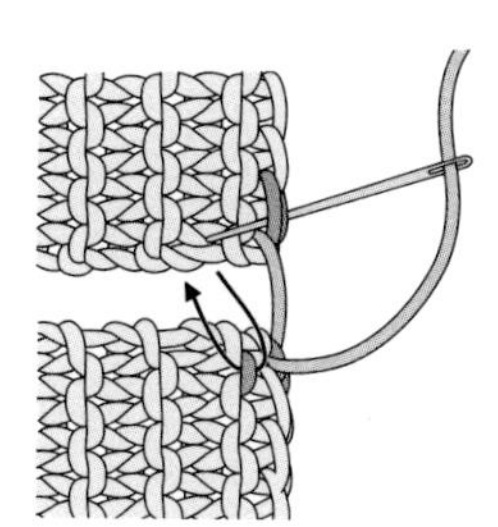

2 接缝对面的起针线后，再接缝第1针内侧向下的针。

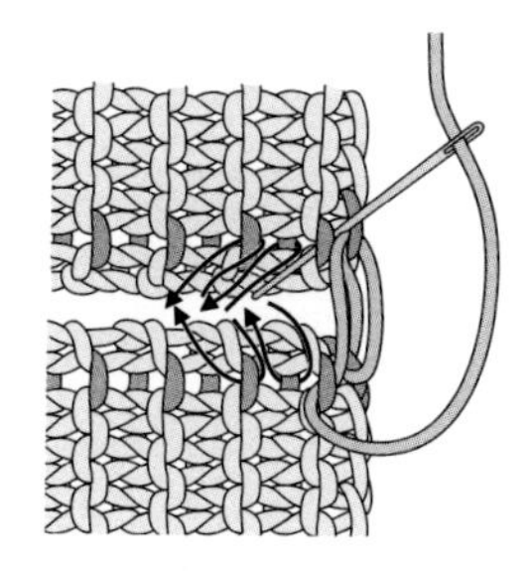

3 每一行的正面编织和反面编织的下针都要接缝起来。

针和行钉缝

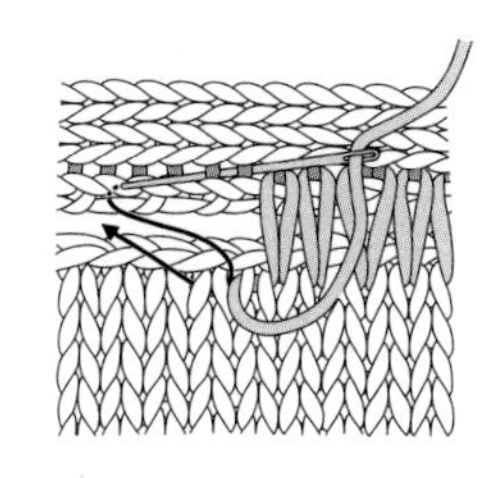

1 缝合1行或2行。按箭头指示插入缝衣针。

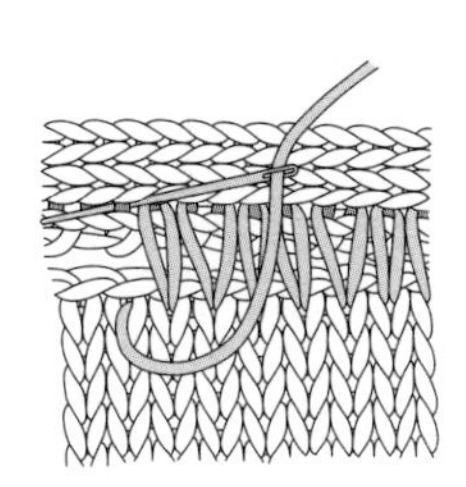

2 边调整行数，边交错地向针、行内插入缝衣针，拉紧线。

Photographers: RYOKO AMANO, KANA WATANABE.
Original Japanese edition published in Japan by NIHON VOGUE CO., LTD.,
Simplified Chinese translation rights arranged with BEIJING BAOKU INTERNATIONAL CULTURAL DEVELOPMENT Co., Ltd.

著作权合同登记号：图字16—2013—221

图书在版编目(CIP)数据

直编式田园风春夏毛衫/日本宝库社编著；李云译．—郑州：河南科学技术出版社，2014.7
ISBN 978-7-5349-7091-7

Ⅰ.①直…　Ⅱ.①日…　②李…　Ⅲ.①毛衣-手工编织-图集　Ⅳ.①TS941.763-64

中国版本图书馆CIP数据核字(2014)第131611号

出版发行：河南科学技术出版社
　　　　　地址：郑州市经五路66号　邮编：450002
　　　　　电话：（0371）65737028　65788613
　　　　　网址：www.hnstp.cn
策划编辑：刘　欣
责任编辑：梁　娟
责任校对：柯　姣
封面设计：杨红科
责任印制：张艳芳
印　　刷：北京盛通印刷股份有限公司
经　　销：全国新华书店
幅面尺寸：213 mm × 285 mm　印张：6　字数：150千字
版　　次：2014年7月第1版　2014年7月第1次印刷
定　　价：36.00元

如发现印、装质量问题，影响阅读，请与出版社联系并调换。